《磁光电混合存储系统
　　通用规范》解读

郭新军　梁明珠◎主编

童晓民　林拥军◎审定

Interpretation of the General Specification for Hybrid Storage System
Consolidating
Magnetic, Optical and Electric Media

人民邮电出版社
北　京

图书在版编目（CIP）数据

《磁光电混合存储系统通用规范》解读 / 郭新军，
梁明珠主编. -- 北京 : 人民邮电出版社，2025.
ISBN 978-7-115-67555-2

Ⅰ. TP333-65

中国国家版本馆 CIP 数据核字第 2025EK9597 号

内 容 提 要

　　本书基于磁光电混合存储技术的研究现状，对国家标准 GB/T 41785—2022《磁光电混合存储系统通用规范》的内容进行解读，说明具体条款的目的和意图，同时结合磁光电混合存储在数据中心、云计算、大数据处理等领域的实际应用案例，分析应用中的技术挑战、解决方案和实施效果，以及磁光电混合存储市场的现状、发展趋势和潜在机遇等。

　　本书内容丰富、结构严谨，通过列举磁光电混合存储在相关领域的实际应用案例，帮助行业读者更好地理解技术的标准要求，促进标准的普及，推动标准的落地实施；致力于保障磁光电混合存储产品的安全性和合规性，保护用户数据，确保存储系统长期稳定运行。

　　本书可为磁光电混合存储技术的发展提供指导方向，帮助企业研发人员了解当前的技术要求和未来的发展趋势，也可为使用或计划购买磁光电混合存储产品的消费者提供参考依据。

◆ 主　　编　郭新军　梁明珠
　　责任编辑　韦　毅
　　责任印制　马振武

◆ 人民邮电出版社出版发行　　北京市丰台区成寿寺路 11 号
　　邮编　100164　　电子邮件　315@ptpress.com.cn
　　网址　https://www.ptpress.com.cn
　　固安县铭成印刷有限公司印刷

◆ 开本：700×1000　1/16
　　印张：17.5　　　　　　　　　　　　2025 年 8 月第 1 版
　　字数：295 千字　　　　　　　　　2025 年 8 月河北第 1 次印刷

定价：99.80 元

读者服务热线：(010)81055410　印装质量热线：(010)81055316
反盗版热线：(010)81055315

本书编委会

联合撰稿单位

中国科学院上海光学精密机械研究所

中国科学院档案馆

中国科学院文献情报中心

中国信息通信研究院

国家计算机网络应急技术处理协调中心上海分中心

中国电子技术标准化研究院

中国通信工业协会

山东省水文计量检定中心

北京易华录信息技术股份有限公司

中国华录·松下电子信息有限公司

中国华录集团有限公司

华录光存储研究院（大连）有限公司

翰坤（杭州）智能光电集成有限公司

北京星震同源数字系统股份有限公司

华中科技大学

暨南大学

中国移动通信集团有限公司

中国联合网络通信有限公司上海市分公司

山西光存信息产业发展有限公司

北京云唤维科技有限公司

北京迪美视科技有限公司

苏州互盟信息存储技术有限公司

合肥国卫软件有限公司

大连数据湖信息技术有限公司

北京杰瑞迪科技有限公司

天阳宏业科技股份有限公司

在以万物感知、万物互联、万物智能为特征的数字经济时代背景下，全球数据总量和算力规模继续呈现高速增长态势。根据国际数据公司（IDC）2025 年 5 月发布的报告，预计 2025 年全球将产生 213.56 ZB（Zettabyte，十万亿亿字节）的数据，到 2029 年将增长一倍以上，达到 527.47 ZB；其中，中国市场 2025 年将产生 51.78 ZB 的数据，到 2029 年增长至 136.12 ZB，复合年均增长率达到 26.9%。

中国信息通信研究院（以下简称中国信通院）数据显示：截至 2023 年底，全球算力规模达到 910 EFLOPS（FP32），截至 2024 年底，我国算力总规模达到 280 EFLOPS，存力总规模约 1580 EB（艾字节），其中先进存储容量占比超过 28%。

我国高度重视数据中心等关键基础设施的建设，近年来各级政府出台了一系列扶持政策，特别是在算力建设方面，业内率先将算力视为新的生产力和科技竞争的新焦点。

2023 年 10 月，工业和信息化部等六部门印发了《算力基础设施高质量发展行动计划》（工信部联通信〔2023〕180 号）。该行动计划强调：加强计算、网络、存储和应用协同创新，推进算力基础设施高质量发展。该行动计划明确：到 2025 年，计算力方面，算力规模超过 300 EFLOPS，智能算力占比达到 35%；存储力方面，存储总量超过 1800 EB，先进存储容量占比达到 30% 以上，重点行业核心数据、重要数据灾备覆盖率达到 100%。该行动计划虽然主要部署算力基础设施的建设，但已从顶层设计上明确要加强计算、网络、存储和应用协同创新的发展理念，明确了算力基础设施是集信息计算力、网络运载力、数据存储力于一体的新型信息基础设施，可实现信息的集中计算、存储、传输与应用，呈现多元泛在、智能敏捷、安全可靠、绿色低碳等特征。该行动计划明确了在此领域，当前的主要任务是构建算存运协同算力产业体系，推动先进计算技术、数据存储技术和网络通信技术三大关键核心技术协同创新，加快形成新质生产力，为数字经济发展提供动力。

我国虽然算力存力已居世界前列，但仍然存在一些短板，如关键技术、计算芯片和存储芯片离世界先进水平还有差距，产业生态体系仍需着力完善，现有算力、存力、运力还不够高效协同，存力产业基础比算力产业基础更为薄弱，在绿色低碳发展方面还有待进一步开展节能降耗实践探索。

当前，国家及各地"十四五"算力发展规划加速落地，算力成为数字经济时代新的生产力，存力是数字基础设施的基础。下一步，要全面贯彻落实党中央、国务院决策部署，立足于数字中国建设，牢牢把握数字化转型、智能化发展浪潮，结合算力、存力、运力发展特点和规律，不断培育、壮大数据存算产业规模，不断完善产业生态，提升存算供给能力，激发创新驱动活力，持续优化发展环境，强化应用赋能效应，深化对外开放合作，着力构建我国存算运产业发展新格局，为数字经济蓬勃发展提供有力支撑。为此建议如下。

一是要全面提升算力基础设施建设。加快先进智能绿色数据中心基础设施建设和改造，整体推动算力基础设施水平的持续提升。加快构建全国一体化大数据中心体系，强化算力、存力统筹智能调度。从战略上提升对数据存力的重视，制定国家级数据存储产业发展规划和鼓励政策。持续推动算力基础设施绿色低碳发展，提升能源高效、清洁利用水平，鼓励 IT 节能技术和磁光电混合存储体系的推广应用。积极推动传统算力基础设施绿色化升级，加快打造存算协同、数网协同、数云协同、云边协同、绿色智能的多层次现代化算力设施体系。

二是要大力促进关键核心技术研发。充分发挥我国超大规模市场和新型举国体制优势，加强先进计算和存储关键技术创新，推动高端芯片、软件工具等领域关键技术攻关和重要产品研发，着重弥补短板薄弱环节。加快先进存力的建设应用，推动存储技术的底层创新和发展。提升存储的能效、安全、容量、可靠性、安全性和绿色低碳能力，攻关技术瓶颈。鼓励相关企业持续提升自主创新力和知识产权布局能力，增强自主存储技术和产品核心竞争力。

三是要着力提升应用产品供给能力。加快培育、壮大先进存算产业，推动面向多元化应用场景的技术融合和产品创新，增强存算设备、存算芯片、存算软件、磁光电混合存储等产品竞争优势，推动产业发展迈向全球价值链中高端。构建大、中、小企业融通发展和产业链上下游协同创新的发展新格局。优化各地区先进存算产业布局，促进产业集群化发展，提高现有园区发展质量和水平，形成区域布局合理、辐射带动影响大的数据存算产业体系。

四是要营造良好存算产业发展环境。引导社会资本参与算力基础设施建设和存算技术产业发展，引导金融机构加大对存算重点领域和薄弱环节的支持力度。深化公共数据资源开发利用，加快推进区域数据共享开放、政企数据融合应用等数据流通共性设施平台的建设与利用。加快数据全过程应用，构建各行业、各领域规范化数据开发利用的场景，提升数据资源价值。加强数据收集、汇聚、存储、流通、应用等全生命周期的安全管理。

五是要广泛强化存算行业应用赋能。深入挖掘存算在新型信息消费、智慧城市、智能制造、工业互联网、车联网、人工智能等场景的融合应用，完善供需对接。强化应用推广，充分发挥存算对制造、金融、教育、医疗等各行业的赋能作用。鼓励加强先进计算系统解决方案和行业应用创新，推动异构计算、智能计算、云计算等技术在垂直领域的拓展应用，加快传统行业数字化转型，促进实体经济高质量发展。

六是要深化国际合作和人才培养。加强与"一带一路"共建国家在算力基础设施、存算技术产业、数字化转型等领域的合作。进一步优化营商环境，促进公平竞争，加强知识产权保护，鼓励国内企业积极拓展海外市场。持续深化拓展存算领域的国际交流与合作，促进技术创新要素在国际的流动，为我国数据存储产业发展营造良好的国际环境。加强产学研用协同机制，强化数据存储领域高端人才的培养。在高等学校增设数据存储相关的专业、课程、实验室等，扩大人才培养规模，并通过激励机制、公共服务等多方面举措吸引聚集国内外优秀人才。

七是要夯实关键基础设施安保措施。加强算力基础设施网络安全和数据安全标准体系建设，不断提升关键基础设施网络安全保障能力，防范、化解多层次安全风险隐患；强化数据资源管理，加强对承载数据全生命周期的安全管理机制建设，落实行业数据分类分级、重要数据保护、安全共享等基础制度和标准规范。鼓励国产存储设备的应用，提升数据存储产业链的安全保障能力。提升新型数据中心可靠性，增强防火、防雷、防洪、抗震等保护能力，强化供电、制冷等基础设施系统的可用性，提高新型数据中心及业务系统整体可靠性。

总的来说，在数字经济发展时代，我们要抓住机遇，以习近平新时代中国特色社会主义思想为指导，全面贯彻落实党的二十大以来的战略部署，立足新发展阶段，完整准确全面贯彻新发展理念，加快构建新发展格局，着力推动高质量发展。以构建现代化信息基础设施体系为目标，面向经济社会发展和国家重大战略需求，稳步提升算力综合供给能力，不断增强存力灵活保障，着力强化运力高效承载，持续推广算力赋能成效，全面推动存算绿色安全发展，为数字经济高质量发展注入新动能。希望本书的出版，能进一步带动磁光电混合存储产业的全面创新和进步，促进磁光电混合存储产业生态更全、更好、更快地发展。

章晓民

工业和信息化部信息中心原总工程师（正高级工程师）

FOREWORD 2

　　数据是新时代重要的生产要素，是国家基础性战略资源。存储作为数据全生命周期管理的核心环节，是数据利用的基础，也是数据治理、数据灾备和数据挖掘等环节实现的前提，占据关键地位。存力作为数字经济时代新质生产力的要素之一，呈现出多元泛在、智能敏捷、安全可靠、绿色低碳的发展趋势，已成为赋能科技创新、落实"双碳"目标、助推产业转型升级、保障国家信息安全的重要支撑。

　　我国的信息化进程与改革开放基本同步，四十多年来历经曲折，从模拟时代破茧成蝶，快速演进到数字时代。相应地，数据存储技术发轫于磁，已迭代到电，探索至光，并在发展和变革中日益成熟。近年来，伴随着各行业数字化转型的不断深入，磁光电混合存储技术应运而生，标志着数据存储备份应用从分散到集成的转化。

　　磁光电混合存储系统（Hybrid Storage System consolidating magnetic, optical and electric media，HSS）利用磁、电、光这 3 种存储媒体的特性，集成各自技术优势，具有全局管理、分级存储、热度迁移和智能优化等功能。通过整合在线、近线和离线等不同存储模式，展现出存储容量大、易扩展、寿命长、安全可靠、总拥有成本低、绿色节能、性能高（高输入/输出、响应快）等优点。

　　大数据应用主要包括数据的生成、采集、加工、存储、分析和服务。按照数据生命周期的不同阶段，数据可简单分为：可删改、仅需短期保存的过程数据；不再发生变化、不允许删改且需长期存储的固定数据。此外，根据访问频率的高低，数据还可分为热数据、温数据和冷数据。

　　制定存储备份方案，应先对数据进行分类分级，不同种类、不同级别的数据需参照磁、光、电等存储媒体的不同特性，选择适当的存储设备和存储模式。例如，存储重要数据（档案类、资产类、法规遵从类数据）应采用原生防删改的可录类蓝光光盘；过程数据存储宜选择更通用、可重写的硬磁盘；数据缓存则适合高性能固态盘。访问频率高的热数据通常存放于在线存储设备及第一级存储设备（如磁盘、闪存阵列）中，称为热备；访问频率较低的温数据可存放于近线存储设备（如光盘库或智能硬盘库）中，称为温备；长期不被访问的冷数据则适合存放于离线存储设备及第二级存储设备（如光盘离线库）中，称为冷备。

多种存储设备、存储模式组合构成了磁光电混合存储系统，该系统通过统一的管理软件同时管理在线、近线、离线存储设备，可支持数据在不同级别和不同类型存储设备间的自动迁移与智能校验，并提供灵活的、可定制的存储备份策略。磁光电混合存储系统遵循开放性、安全性、可靠性、灵活性、经济性、可扩展性、可维护性等原则，以实现数据存储的安全可靠、长期可用、智能高效、低碳环保和绿色节能。

2019 年，国家档案局发布了 DA/T 74—2019《电子档案存储用可录类蓝光光盘（BD-R）技术要求和应用规范》。2021 年，中共中央办公厅、国务院办公厅发布《"十四五"全国档案事业发展规划》，提出开展重要电子档案异质异地备份。2022 年发布的 GB/T 41785—2022《磁光电混合存储系统通用规范》，对磁光电混合存储系统的组成及分类、技术要求、试验方法、质量评定程序等进行了规定，适用于磁光电混合存储系统的设计、开发、生产、检验和应用，规范和促进了磁光电混合存储产业和存储市场的发展。2023 年，工业和信息化部等六部委联合发布《算力基础设施高质量发展行动计划》，指明需围绕全闪存、蓝光存储等技术推动先进存储的创新和发展。2024 年，国务院发布《中华人民共和国档案法实施条例》，要求采用磁介质、光介质对重要电子档案进行异地备份保管。迄今为止，国家相关部门已先后从行业规范、行业政策、国家标准、产业政策和法律法规等不同层面完成了磁光电混合存储系统应用于数据存储的顶层设计。

在国家标准层面，通过解读 GB/T 41785—2022《磁光电混合存储系统通用规范》，可以帮助行业更好地理解磁光电混合存储系统技术的标准要求，促进标准的普及和实施；可以确保磁光电混合存储产品的安全性和合规性，保护用户数据和确保存储系统稳定运行；也可以为磁光电混合存储技术的发展提供指导方向，帮助企业和研发人员了解当前的技术要求和未来的发展趋势；还可以帮助各行业的用户深入了解磁光电混合存储技术、产品和应用验收方法，对市场的扩大具有长期的推动作用。

　　党的二十届三中全会审议通过《中共中央关于进一步全面深化改革推进中国式现代化的决定》，提出，"聚焦建设美丽中国，加快经济社会发展全面绿色转型，健全生态环境治理体系，推进生态优先、节约集约、绿色低碳发展，促进人与自然和谐共生""以国家标准提升引领传统产业优化升级，支持企业用数智技术、绿色技术改造提升传统产业"。随着大数据产业和数字经济的蓬勃发展，磁光电混合存储系统将迎来广阔的应用前景！

中国科学院文献情报中心副主任，二级研究馆员

国家标准 GB/T 41785—2022《磁光电混合存储系统通用规范》于 2022 年 10 月 12 日正式发布，并于 2023 年 5 月 1 日起正式实施。

为规范和促进磁光电混合系统产业和存储市场的发展，在相关部委的支持下，国家标准化管理委员会于 2019 年 10 月下达了《磁光电混合存储系统通用规范》（以下简称《规范》）制订计划，计划号为 20193189-T-469，由中国科学院上海光学精密机械研究所、中国科学院档案馆、公安部第一研究所、北京尊冠科技有限公司、华中科技大学武汉光电国家研究中心、国家档案局、国家信息中心、中国气象局、中国科学院文献情报中心、中国电子技术标准化研究院、清华大学、贵州大学，以及磁光电混合存储系统设备制造企业［华录光存储研究院（大连）有限公司、广东紫晶信息存储技术股份有限公司、北京易华录信息技术股份有限公司、北京星震同源数字系统股份有限公司、北京中科开迪软件有限公司、杭州华澜微电子股份有限公司、苏州互盟信息存储技术有限公司等］等包含产学研用检各个领域的 28 家单位的 40 名专家组成的标准起草专家组参与标准编制工作。

在标准的编制过程中，标准起草专家组广泛听取各方意见，不断对标准进行修改和完善，先后召开 17 次会议，听取工业和信息化部、国家信息中心等政府相关部门，以及 60 多家国内外学术和研究机构、设备生产企业、各行业典型用户和检测机构的意见。经过需求调研、标准编制、标准验证、意见征集等过程，2021 年 7 月形成了《规范》报批稿，并于 2022 年 10 月 12 日由国家市场监督管理总局和国家标准化管理委员会正式发布。本标准由全国信息技术标准化技术委员会（SAC/TC 28）提出并归口。

本标准给出了磁光电混合存储系统的组成及分类，规定了技术要求、试验方法、质量评定程序等，适用于磁光电混合存储系统的设计、开发、生产、检验和应用。

为了帮助读者学习和理解 GB/T 41785—2022 标准文本，同时针对贯标和使用标准的过程中有可能出现的误读、疑惑等各种问题，以推进 GB/T 41785—2022 的贯彻与实施，特编写本书。

本书的编写得到了工业和信息化部信息通信管理局与浙江省经济和信息化厅的指导，也得到了华录光存储研究院（大连）有限公司、中国华录·松下电子信息有限公司、北京星震同源数字系统股份有限公司、翰坤（杭州）智能光电集成有限公司、浙江道创检测有限公司、北京易华录信息技术股份有限公司、北京云唤维科技有限公司、北京中科开迪软件有限公司等企业，以及中国科学院档案馆、国家电子计算机质量监督检验中心、华中科技大学武汉光电国家研究中心、国家档案局的大力支持，各单位对磁光电混合存储系统整机，以及软件（数据库、管理软件、操作系统、功能应用）、硬件（光驱、光盘和机械手）等各类关键器件分别实施技术验证，确保 GB/T 41785—2022 提出的技术要求具有良好的适用性和可操作性。

本书按照 GB/T 41785—2022 的章节顺序进行解读，其组成结构如表 1 所示。

表 1　本书章节结构

章节	内容
第1章 全书说明	包括标准编制说明和本书阅读说明
第2章 概述	介绍标准的编制背景、适用范围、规范性引用文件、术语和定义、缩略语，对GB/T 41785—2022的前言及第1～4部分进行解读
第3章 组成及分类	GB/T 41785—2022将HSS组成结构分为控制管理区和存储区，其中控制管理区又分为接口功能区、系统控制功能区和存储管理功能区，存储区分为第一级存储区和第二级存储区。HSS按照产品及部署形态分为单机HSS和集群HSS两类。介绍以上内容，对GB/T 41785—2022的第5部分进行解读
第4章 技术要求	介绍HSS的功能（数据写入、数据读取、数据迁移、数据管理、存储媒体自检）、性能[每秒读写次数（input/output per second，IOPS/OPS）、数据传输率]、存储容量、兼容性（数据、硬件、软件）、安全（设备安全、系统安全、数据安全）、可靠性、功耗、噪声、电磁兼容性、电源适应性、环境适应性、限用物质的限量等要求，对GB/T 41785—2022的第6部分进行解读
第5章 试验方法	介绍与第4章对应的"试验方法"，对GB/T 41785—2022的第7部分进行解读

续表

章节	内容
第6章 质量评定 程序	介绍HSS产品在定型（设计定型、生产定型）和生产过程中为保证质量应进行的检验内容和程序，对GB/T 41785—2022的第8部分进行解读
第7章 标志、包装、运输和贮存	介绍HSS产品的标志、包装、运输和贮存的相关规定，对GB/T 41785—2022的第9部分进行解读
附录	附录A 中华人民共和国数据安全法 附录B "十四五"大数据产业发展规划 附录C 国家及省级层面与数据存储相关的文件 附录D 国家通信业节能技术产品推荐目录（2021） 附录E 国家绿色数据中心先进适用技术产品目录（2020） 附录F 磁光电混合存储系统与应用标准体系（征求意见稿） 附录G 磁光电混合存储技术和产业发展核心部分光盘的技术发展路线图（征求意见稿） 附录H 标准概览 附录I 名词及缩略语

由于作者水平有限，书中难免有不足之处，敬请读者批评指正。

作者

目录

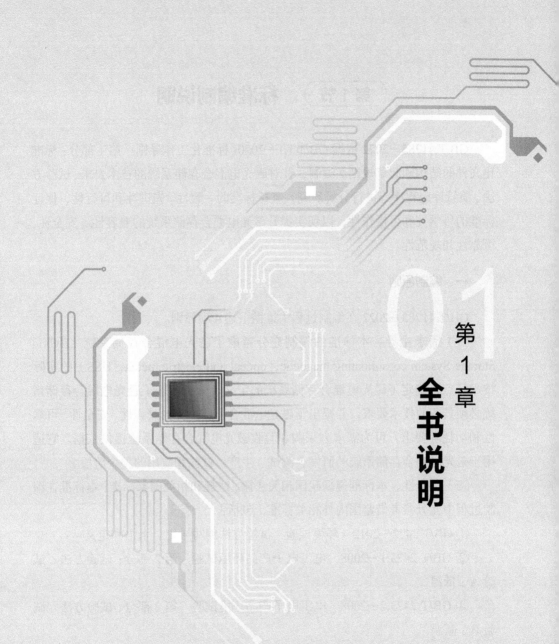

第 1 章

01

全书说明

第1节　标准编制说明

GB/T 41785—2022 依据 GB/T 1.1—2020《标准化工作导则　第1部分：标准化文件的结构和起草规则》编制，针对磁光电混合存储系统的技术要求、试验方法、质量评定程序等进行分析研究，坚持标准的一致性、先进性和可行性，保证标准的科学性和可操作性，以切实提升磁光电混合存储系统的兼容性、安全性、可靠性和规范性。

一、编制原则

GB/T 41785—2022 在编制过程中遵循下述 4 项原则。

（1）需求主导。本标准的编制充分考虑了磁光电混合存储系统（Hybrid Storage System consolidating magnetic，optical and electric media，HSS）的实际技术特点，确定了磁光电混合存储系统的定义，分析梳理了磁光电混合存储系统必须具备的技术要求，并提出了磁光电混合存储系统的兼容性、安全性、可靠性和功耗等要求，可为需求方采购和验收磁光电混合存储系统提供依据。它适用于磁光电混合存储系统的研发、测试、生产、试验和应用的整个阶段。

（2）符合性。本标准遵循我国相关法律、法规和相关国家标准；本标准在编制过程中充分参考借鉴国内外相关标准，包括：

① GB/T 2422—2012　环境试验　试验方法编写导则　术语和定义

② GB/T 2423.1—2008　电工电子产品环境试验　第2部分：试验方法　试验 A：低温

③ GB/T 2423.2—2008　电工电子产品环境试验　第2部分：试验方法　试验 B：高温

④ GB/T 2423.3—2016　环境试验　第2部分：试验方法　试验 Cab：恒定湿热试验

⑤ GB/T 2423.5—2019　环境试验　第2部分：试验方法　试验 Ea 和导则：冲击

⑥ GB/T 2423.10—2019　环境试验　第2部分：试验方法　试验 Fc：振动

（正弦）

⑦ GB/T 2828.1—2012 计数抽样检验程序 第1部分：按接收质量限（AQL）检索的逐批检验抽样计划

⑧ GB/T 4857.2—2005 包装 运输包装件基本试验 第2部分：温湿度调节处理

⑨ GB/T 4857.5—1992 包装 运输包装件 跌落试验方法

⑩ GB 4943.1—2011 信息技术设备 安全 第1部分：通用要求

⑪ GB/T 5080.7—1986 设备可靠性试验 恒定失效率假设下的失效率与平均无故障时间的验证试验方案

⑫ GB/T 5271.14—2008 信息技术 词汇 第14部分：可靠性、可维护性与可用性

⑬ GB/T 9254—2008 信息技术设备的无线电骚扰限值和测量方法

⑭ GB/T 15934—2008 电器附件 电线组件和互连电线组件

⑮ GB/T 17618—2015 信息技术设备 抗扰度 限值和测量方法

⑯ GB 17625.1—2012 电磁兼容 限值 谐波电流发射限值（设备每相输入电流≤16 A）

⑰ GB/T 18313—2001 声学 信息技术设备和通信设备空气噪声的测量

⑱ GB/T 18455—2010 包装回收标志

⑲ GB/T 26125—2011 电子电气产品 六种限用物质（铅、汞、镉、六价铬、多溴联苯和多溴二苯醚）的测定

⑳ GB/T 26572—2011 电子电气产品中限用物质的限量要求

（3）实用性。本标准充分考虑我国HSS技术、产品发展及产业、行业应用现状，从规范HSS的功能、性能指标及测评方法等技术内容入手，建立统一的标准化内容，突出HSS及产品的优点，强调其关键技术的自主可控，促进大数据光存储产业的发展。

（4）指导性。通过规范HSS的定义、组成结构及分类，以及功能、性能指标和测评体系，指导产品在各行业大数据光存储中的应用，并保持一定的前瞻性和扩展性。

二、内容

GB/T 41785—2022的内容分为以下9个部分。

（1）范围。第 1 部分明确标准的内容范围和适用范围，即 HSS 应满足的通用技术要求范畴、标准的适用对象和适用场合。

（2）规范性引用文件。第 2 部分列举了标准中引用其他文件的清单。

（3）术语和定义。第 3 部分对"磁光电混合存储系统""第一级存储""第二级存储""数据传输率"等术语进行了定义。

（4）缩略语。第 4 部分对标准中涉及的缩略语进行了说明。

（5）组成及分类。第 5 部分将 HSS 组成结构分为控制管理区和存储区，其中控制管理区分为接口功能区、系统控制功能区和存储管理功能区，存储区分为第一级存储区和第二级存储区。HSS 按照产品及部署形态分为单机 HSS 和集群 HSS 两类。

（6）技术要求。第 6 部分给出了 HSS 的功能（数据写入、数据读取、数据迁移、数据管理、存储媒体自检）、性能（IOPS/OPS、数据传输率）、存储容量、兼容性（数据、硬件、软件）、安全（设备安全、系统安全、数据安全）、可靠性、功耗、噪声、电磁兼容性、电源适应性、环境适应性、限用物质的限量等指标要求。

（7）试验方法。第 7 部分给出了与第 6 部分对应的试验方法。

（8）质量评定程序。第 8 部分给出了 HSS 产品在定型（设计定型、生产定型）和生产过程中为保证质量应进行的检验内容和程序。

（9）标志、包装、运输和贮存。第 9 部分对 HSS 产品的标志、包装、运输及贮存给出了相关的规定。

三、标准编制的其他说明

在 GB/T 41785—2022 制定过程中，起草组依据《中华人民共和国数据安全法》《中华人民共和国网络安全法》等法律法规要求，参考服务器等和 HSS 设备相关的国家标准和国际标准相关要求，结合 HSS 所具有的"长寿命、安全可靠、低总拥有成本（total cost of ownership，TCO）、绿色节能、高性能"特点以及各类 HSS 设备目前具备的性能水平，抽取共性和基本的技术要求，形成了本标准的技术要求。

按照全面覆盖标准全部技术内容的原则，起草组组织广东紫晶信息存储技术股份有限公司、北京易华录信息技术股份有限公司、深圳爱思拓信息存储技术有限公司、保互通（北京）有限公司、北京中科开迪软件有限公司、北京星震同源数字系统股份有限公司、合肥国卫软件有限公司、杭州华澜微电子股份有限公司、北京越洋紫晶数据科技有限公司、苏州互盟信息存储技术有限公司、华录光存储研究院（大连）有限公司、上海莘巍智能科技有限公司、上海倍融智能科技有限公司等企业，以及中国科学院上海光学精密机械研究所、中国科学院档案馆、华中科技大学武汉光电国家研究中心、国家档案局等机构开展标准验证工作，对 HSS 整机以及软件、光驱、光盘和移盘装置（机械手）等 4 类关键器件分别实施技术验证，通过技术验证，确保本标准提出的技术要求具有良好的适用性和可操作性。

GB/T 41785—2022 是各类 HSS 设备通用的、基本的技术要求，是针对磁光电混合存储系统的一部顶层设计标准，它既要与磁光电混合存储系统领域的产品应用现状与发展相适应，又要符合国家对信息化系统建设的总体要求，标准的技术要求和试验方法及如何确保两者的完整性是编制本标准的主要难点所在。

第 2 节　阅读说明

本书根据 GB/T 41785—2022 的结构进行编排，第 2 ～ 7 章对应 GB/T 41785—2022 中的各部分，每章根据标准条款数量分为若干节，每节针对标准中的一个或几个条款进行解读。标准条款解读部分的编写架构如下。

（1）列出需要解读的标准条款，条款的具体内容用方框进行标注，条款编号与 GB/T 41785—2022 中的编号保持一致，以便读者查找。图 1-1 给出了一个具体样式。

标准条款　8.2.1　质量检验阶段

检验可分为 2 种。

a）定型检验；

b）质量一致性检验。

质量一致性检验可分为逐批检验和周期检验。

图1-1　样式

（2）条款解读分为两个部分：一是"目的和意图"，描述提出该条款要求的

具体目的和意图;二是"条款释义",对标准条款具体内容涉及的参考来源、专用名词含义、调整内容等相关背景情况以及相关技术进行说明。图1-2给出了一个示例。

一、目的和意图

HSS在设计、试生产、批量生产、贮存等阶段,对应的质量检验标准及检验项目有所差异。本条款对质量检验阶段提出要求。

二、条款释义

定型检验指对新研制的或基于现有技术进行改造的产品,进行全面的质量检验,以确保其可以满足设计规范及技术文件的要求。定型检验分为设计定型阶段质量检验和生产定型阶段质量检验,其目的是确保产品各项技术指标以及稳定性、可靠性满足设计要求。

GJB 6000—2001《标准编写规定》实施指南中指出,质量一致性检验是指"以逐批检验为基础,周期性地从产品中抽取样品对所规定的检验项目进行的检验,用以确定产品在生产过程中能否保证质量持续稳定"。质量一致性检验的目的在于确定产品质量在生产过程中是否稳定,是否符合规范的要求,从而确定是接收还是拒收产品。

质量一致性逐批检验是对每个提交的检验批次的产品进行质量全检或抽检,判断其是否符合设计要求,主要内容包括:检验批次的构成与抽样要求、逐批检验的方法、抽样检验方法的选择和确定、逐批检验结果的判定和处置。按GB/T 2828.1—2012《计数抽样检验程序 第1部分:按接收质量限(AQL)检索的逐批检验抽样计划》或产品标准规定的抽样程序进行抽样检验。

GB/T 2828.1—2012《计数抽样检验程序 第1部分:按接收质量限(AQL)检索的逐批检验抽样计划》中规定:企业在批量生产产品时,需要对产品进行检验来判断该批产品是否合格。为节省检验费用,降低生产成本,企业通常采取抽样检验。任何检验方法都必须提供质量保证,在抽样检验中,合格批中的产品不一定都是合格品,不合格批中的产品不一定全是不合格品。为明确不合格品的混入程度,引入接收质量限,也称为合格质量水平。

质量一致性周期检验是在固定的时间间隔内从已逐批检验的产品中,抽取样品进行周期检查,判断在规定的周期内生产过程的稳定性是否符合要求。按GB/T 2828.1—2012《计数抽样检验程序 第1部分:按接收质量限(AQL)检索的逐批检验抽样计划》或产品标准规定的抽样程序进行抽样检验。

如果生产单位实施了统计过程控制(statistical process control,SPC)这一类的质量控制手段,在鉴定机构的许可下,可以不进行质量一致性检验。统计过程控制是一种借助数理统计方法的过程控制工具。它对生产过程进行分析评价,根据反馈信息及时发现系统性因素出现的征兆,并采取措施消除其影响,使过程维持在仅受随机性因素影响的受控状态,以达到控制质量的目的。

图1-2 条款解读示例

（3）部分条款解读会同步给出目前各类 HSS 设备中对该条款的实现的示例说明。对图形式的实例，采用方框标记的形式进行标注，图 1-3 给出了一个实例样式。

磁光电混合存储系统周期检验报告

报告编号：HSS-20230504001　　　　　　　　　　　　　　　　第1页共2页

送检日期	2023年5月4日	送检单位	中国****有限公司
产品名称	磁光电混合存储系统	产品型号	HSS-****

No.	检验项目	检验标准	检验结果	备注
1	外观及安全防护	1.外观应符合以下所有要求： a)表面不应有明显的凹痕、划伤、毛刺和污染； b)表面涂镀层均匀，不应起泡、龟裂、脱落和磨损； c)金属零部件表面不应有锈蚀及其他机械损伤。 2.安全防护应符合以下所有要求： a)设备的活动部件均能锁固，凡有可能伤人的转动部件有防护措施； b)进风口、排风口等有滤尘及防止伤人的保护措施	1.通过☑未通过□ 2.通过☑未通过□	
2	数据写入	1.支持通过块、文件、对象等标准存储协议中一种或几种写入数据； 2.支持将数据直接写入第一级存储； 3.支持将数据通过文件存储方式直接写入第二级存储； 4.支持将数据通过第一级存储写入第二级存储	1.通过☑未通过□ 2.通过☑未通过□ 3.通过☑未通过□ 4.通过☑未通过□	
3	数据读取	1.支持通过块、文件、对象等标准存储协议中一种或几种读取数据； 2.支持直接从第一级存储读取数据； 3.支持直接从第二级存储读取数据； 4.支持通过第一级存储读取第二级存储中的数据	1.通过☑未通过□ 2.通过□未通过☑ 3.通过□未通过☑ 4.通过☑未通过□	1.数据读取多次中断导致检验失败 2.数据读取超时导致检验失败
4	数据迁移	1.支持迁移策略配置； 2.支持将数据从第一级存储迁移到第二级存储； 3.支持将数据从第二级存储迁移到第一级存储	1.通过□未通过□ 2.通过□未通过□ 3.通过□未通过□	未实施
5	存储容量	1.第一级存储容量为100TB，实际可用容量与标称容量误差值＜10%； 2.第二级存储容量为1600TB，实际可用容量与标称容量误差值＜10%	1.通过☑未通过□ 2.通过☑未通过□	

图1-3　周期检验报告实例

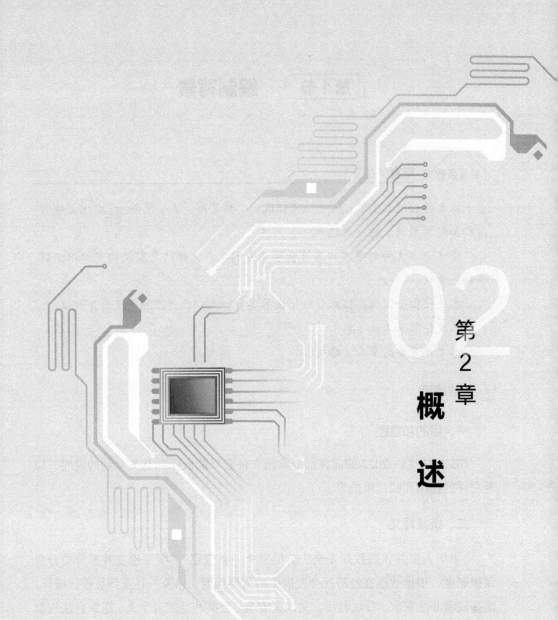

第
2
章

概

述

第1节 **编制背景**

标准条款　**前言**（部分）

> 本文件按照 GB/T 1.1—2020《标准化工作导则　第 1 部分：标准化文件的结构和起草规则》的规定起草。
>
> 请注意本文件的某些内容可能涉及专利。本文件的发布机构不承担识别专利的责任。
>
> 本文件由全国信息技术标准化技术委员会（SAC/TC 28）提出并归口。
>
> 本文件起草单位（略）。
>
> 本文件主要起草人（略）。

条款解读

一、目的和意图

GB/T 41785—2022 的前言部分给出文件起草的依据和有关专利的说明，以及文件的提出和归口单位等。

二、条款释义

《中华人民共和国数据安全法》第二十一条规定："国家建立数据分类分级保护制度，根据数据在经济社会发展中的重要程度，以及一旦遭到篡改、破坏、泄露或者非法获取、非法利用，对国家安全、公共利益或者个人、组织合法权益造成的危害程度，对数据实行分类分级保护。国家数据安全工作协调机制统筹协调有关部门制定重要数据目录，加强对重要数据的保护。关系国家安全、国民经济命脉、重要民生、重大公共利益等数据属于国家核心数据，实行更加严格的管理制度。各地区、各部门应当按照数据分类分级保护制度，确定本地区、本部门以及相关行业、领域的重要数据具体目录，对列入目录的数据进行重点保护。"从该规定中可以看出，重要数据要求不能被篡改、破坏和泄露。同时，对数据实行分类分级保护。

数据存储是保护数据免受丢失、损坏或盗窃的关键。大数据存储需要满足大容量、易扩展、高性能、长寿命、安全可靠、低总拥有成本、节能低碳和自主可控等要求。对比不同存储媒体的特性（见表2-1）可知，单一的存储媒体已无法满足目前需求。

表2-1 磁带、磁盘、固态盘和蓝光光盘的特性比较

特性	磁带	磁盘	固态盘	蓝光光盘
寿命	5～10年	3～5年	3～5年	超过50年
响应时间	分钟级	毫秒级	毫秒级	秒级
读写方式	接触	非接触	非接触	非接触
读写特性	具有较好的顺序读写性能、高可靠性、低成本等优势	具有高吞吐量、低访问时延、高可靠性、高可用性等优势	具有高输入/输出、低访问时延、高可用性等优势	具有高安全性、高可靠性、低能耗、寿命长等优势
抗磁干扰能力	低	低	低	高
数据删改	可删改	可删改	可删改	不可删改
兼容性	隔两代不兼容	兼容	兼容	兼容
数据迁移频率	较高	高	高	低
温湿度影响	高	高	高	低
空调依赖	必要	必要	必要	不需要
电力消耗	较高	高	高	低
环境影响	较高	高	高	低
应用场景	适合企事业单位的数据备份、档案资料存储，以及广电媒体资产的归档等场景	适合移动应用、大数据、文件和对象存储、网站视频数据分析等场景	适合小文件加速、引擎加速、数据库加速和高性能计算	适合业务备份、日志数据、医疗影像、基因数据、合规性文件等归档场景

因此，以光存储为核心的磁光电混合存储系统由于集磁存储、电存储和光

存储的优点于一体，迎来了新的发展机遇。为引导数据中心积极采用先进节能环保技术，推动绿色数据中心建设，工业和信息化部节能与综合利用司组织开展了绿色数据中心先进适用技术申报工作，从近几年发布的《绿色数据中心先进适用技术目录》来看，绿色数据中心均有与存储有关的技术，且均可应用于新建数据中心和在用数据中心改造，以降低能耗。《绿色数据中心先进适用技术目录（第一批）》[1]、《绿色数据中心先进适用技术产品目录（第二批）》、《绿色数据中心先进适用技术产品目录（2019年版）》[3]、《国家绿色数据中心先进适用技术产品目录（2020）》[4] 以及《国家通信业节能技术产品推荐目录（2021）》[5] 的部分内容如表2-2～表2-6所示。

表2-2　绿色数据中心先进适用技术目录（第一批，2017年发布）　节选

序号	技术名称	适用范围	技术原理	主要节能减排指标	技术应用现状和推广前景	技术提供方	应用实例
10	长效光盘库存储技术	海量、长周期存储的数据中心	长效光盘库存储技术由光盘库存储设备、光盘库管理服务器和软件配合实现。该技术充分利用蓝光光盘可靠长效存储的特点构造高密度光盘库库体，能够在单体内容纳和存取万张光盘，并通过机电一体化调度技术实现自动存取光盘，同时支持万兆以太网和FC网络。在库体基础之上，构造磁光电融合存储和虚拟化机制，隐藏机械延迟和光盘WORM存取模式，使其可作为通用存储设备应用于数据中心。该技术可实现高达19N的数据可靠性和50年的长效数据存储，长期保存数据无需数据迁移；非存取时无能耗，存取时能耗较低，1 PB以上单库功耗低于1 kW；对保存环境没有特殊要求，无需恒温恒湿（减少制冷散热功耗）	存储设备可节电约80%	该技术已经在金融、档案行业广泛应用，预计未来5年档案行业市场占有率可达50%，金融行业可达60%	华录光存储研究院（大连）有限公司	某公司数据中心共部署80套长效光盘库存储设备，用于海量电子影像数据长效存储，提高工作效率45倍。该项目总投资约1 200万元，可实现节电率约80%，年节电量约100万kW·h

注：表中的"未来"从发布时算起，下同。

表2-3 绿色数据中心先进适用技术产品目录（第二批，2018年2月发布）节选

序号	名称	适用范围	技术原理	主要节能减排指标	技术产品应用现状和推广前景	技术产品提供方	应用实例
18	冷数据存储光盘备份系统	新建数据中心或老旧数据中心改造	在大容量光盘库的存储平台基础上，将固态存储（电）、硬盘（磁）、光存储（光）有机结合组成一个优化系统，分别对应热、温、冷数据的存储	以数据存储备份1 PB容量为例：1. 智能机械手、光盘片匣自动校准；2. 最大864个可替换的高密度光盘片匣；3. 支持12个光盘驱动器并行工作；4. 可容纳10 000张以上光盘；5. 光盘片匣具有唯一的RFID标识	在数据存储、备份、归档市场已得到实际应用，预计未来是全球每年1 000亿美元数据归档市场的有力竞争者	武汉光谷高清科技发展有限公司	某数据中心：采用数据存储容量1 PB的冷数据存储光盘备份系统，平均工作能耗小于1 kW，基本无需特殊水冷、风冷装置，在实际运行中，不需要空调就可以保证光盘库系统的正常运行
19	磁光电融合大量容合光盘库	新建数据中心	采用磁光电多级存储融合和全光盘库虚拟化存储机制，实现新型光存储数据组织技术，同时利用新型固态存储、磁盘等作为光盘库的高速缓存，提供适合数据中心应用的存取接口	1. 2U机柜能够最大容纳12 240张光盘，裸存储容量超过1.2 PB；2. 可实现数据中心无缝扩展；3. 可实现99.99%的I/O操作时间小于1 s，峰值存取吞吐率＞1 GB/s，单库容量≥0.5 PB，峰值功耗≤1 kW；4.单盘丢失不造成数据丢失	目前已用于存储大量温冷数据，预计2020年全球数据总量将达44 ZB，其中，中国将达到8.6 ZB，市场的总量在百亿元以上	武汉光忆科技有限公司	某数据中心：实际运行时间18个月，使用3台光盘库，投资额100万元，每年实际消耗电量为6 304 kW·h，相对于传统磁盘存储方案，能够节省能耗25 000 kW·h左右；无需水冷和对环境温湿度的控制

续表

序号	名称	适用范围	技术原理	主要节能减排指标	技术产品应用现状和推广前景	技术产品提供方	应用实例
20	大容量智能蓝光安全存储系统	新建数据中心或旧数据中心改造	对光盘进行科学智能化管理，实现海量信息数据的长期安全存储、快速调阅查询和专业归档管理以及智能化离线管理，具有防黑客、抗电磁干扰、节能环保、无辐射等功能	1.单臂机械手盘孔提盘时间2~5 s；2.光盘匣为模块化阵列单元，抗压、避光、防尘、防磁，具有热插拔设计；3. 机械手平均无故障次数＞250万次	已用于数据存储，预计未来几年存储装机容量将保持40%以上的增长速度	深圳爱思拓信息存储技术有限公司	某数据中心：运行时间2007年至今；数据规模110 TB级以上，其中冷数据占比达85%以上；节电率80%以上

注：表中的"至今"均指本产品目录的发布时间，下同。

表2-4　绿色数据中心先进适用技术产品目录（2019年版）节选

序号	名称	适用范围	技术原理	主要节能减排指标	技术产品应用现状和推广前景	技术产品提供方	应用实例
37	长效大容量光盘库存储技术	新建数据中心/在用数据中心改造	长效光盘库存储技术由光盘库存储设备、光盘库管理服务器和软件配合实现。该技术充分利用蓝光光盘可靠长效存储的特点构造高密度光盘库库体，能够在单体内容纳和存取万张光盘，并通过机电一体化调度技术对光盘进行科学智能化管理，实现海量信息数据的长期安全存储、快速调阅查询和专业归档管理以及智能化离线管理，具有防黑客、抗电磁干扰、节能环保、无辐射等功能	存储设备可节电约80%	预计未来几年存储装机容量将保持40%以上的增长速度	华录光存储研究院（大连）有限公司、深圳爱思拓信息存储技术有限公司	1. 某公司数据中心：共部署80套光盘库存储设备，用于电子影像数据长效存储，提高工作效率45倍，可实现节能率约80%，年节电量约100万kW·h。2.某数据中心：运行时间2007年至今；数据规模110 TB级以上，其中冷数据占比达85%以上；节电率80%以上

续表

序号	名称	适用范围	技术原理	主要节能减排指标	技术产品应用现状和推广前景	技术产品提供方	应用实例
38	磁光电融合存储技术	新建数据中心	结合蓝光光盘和硬盘存储各自特点，采用磁光电多级存储融合和全光盘库虚拟化存储机制，将固态存储（电）、硬盘（磁）、光存储（光）有机结合组成一个优化系统，分别对应热、温、冷数据的存储	存储设备节电可约80%	预计未来5年，国内市场需求量超过200亿元	武汉光忆科技有限公司、武汉光谷高发科技有限公司、广东巢源信息科技有限公司	1. 某数据中心：使用3台光盘库，相对于传统磁盘存储方案，年节电25 000 kW·h左右；无需水冷和对环境温湿度的控制。2. 某数据中心：数据存储容量1PB，平均工作能耗小于1 kW。在实际运行中，不需要空调就可以保证光盘库系统的正常运行

表2-5　国家绿色数据中心先进适用技术产品目录（2020）节选

序号	名称	适用范围	技术原理	主要节能减排指标	技术产品应用现状和推广前景	技术产品提供方	应用实例
42	长效大容量光盘库存储技术	新建数据中心/在用数据中心改造	充分利用蓝光光盘可靠长效存储的特点构造高密度光盘库库体，并通过机电一体化调度技术对光盘进行科学智能化管理，实现海量信息数据的长期安全存储、快速调阅查询和专业归档管理以及智能化离线管理	存储设备可节电约80%	预计未来几年存储装机容量将保持40%以上的增长速度	华录光存储研究院（大连）有限公司、深圳爱思拓信息存储技术有限公司	某数据中心：运行时间2007年至今；数据规模110 TB级以上，其中冷数据占比达85%以上；节电率80%以上

序号	名称	适用范围	技术原理	主要节能减排指标	技术产品应用现状和推广前景	技术产品提供方	应用实例
43	磁光电融合存储技术	新建数据中心	结合蓝光光盘和硬盘存储各自特点，采用磁光电多级存储融合和全光盘库虚拟化存储机制，将固态存储（电）、硬盘（磁）、光存储（光）有机结合组成一个优化系统，分别对应热、温、冷数据的存储	存储设备可节电约80%	预计未来5年，国内市场需求量超过200亿元	武汉光忆科技有限公司、武汉光谷高清科技发展有限公司、广东绿源巢信息科技有限公司	某数据中心：建筑面积310 m²，数据存储容量60 PB，每年实际耗电量5.2万kW·h，节电约26万kW·h

表2-6　国家通信业节能技术产品推荐目录（2021）节选

序号	技术名称	技术简介	适用范围	节能效果	
				节能指标	推广潜力
11	硬盘冷存储库	以硬盘作为数据的存储载体，集数据迁移、数据安全、长期存储、查询应用、软硬件系统于一体，为用户提供多功能、低能耗、易使用的归档数据长期保存的方法	新建数据中心/在用数据中心改造	同等存储容量下较热存储可节省耗电87%以上	预计未来5年市场占有率可达到40%~50%
12	新一代节能高效蓝光及光磁电一体化智能存储技术产品	针对海量温冷数据，利用分布式存储架构，融合NVMe、SSD、HDD、蓝光等存储介质的优势，为用户提供异质、分级数据存储服务	新建数据中心/在用数据中心改造	同等存储容量能耗仅为磁盘存储的1/20	预计未来5年市场占有率可达到60%

序号	技术名称	技术简介	适用范围	节能效果	
				节能指标	推广潜力
15	全介质多场景大数据存算一体机	基于模块化的结构-能源一体转笼式大容量光盘库设计技术、单次多光盘高稳定性快速抓取装置设计技术等,实现数据存储与保护的安全性和节能性	新建数据中心/在用数据中心改造	全生命周期综合节能效益好,数据存档寿命可达50年	预计未来5年市场占有率可达到70%
22	紫晶蓝光存储	基于蓝光光盘存储数据的整体数据存储设备,通过网络接入客户环境,由主控服务器上运行的存储软件,对前端服务器、客户端提供标准NAS存储服务器,支持CIFS、NFS共享协议	新建数据中心/在用数据中心改造	对比常规存储设备,节能90%以上	预计未来5年市场占有率可达到5%

HSS 第一代产品的平均无故障时间（mean time between failures，MTBF，也称为平均故障间隔时间）已经达到 6000 h；产品容量有 10 TB、40 TB、100 TB、1 PB、3 PB 级，后续会根据市场需求推出 5 PB 甚至更大容量产品；读写速率达到 200 MB/s 以上。该产品目前可实现数据的智能分类；可对热、温、冷数据进行自动统计分析，对不同存储媒体配置、不同类别的数据空间布局实现智能优化；可自动监测数据热度变化，实现数据在多种存储媒体间智能高效迁移流动；可实现系统软件自我升级、预测数据增量、弹性扩容等综合管理；科学实现绿色数据存力可持续发展。

但是，磁光电混合存储系统产品性能及指标评测体系没有标准，而硬盘、磁带等磁存储产品都有国际标准可参考。缺少标准在一定程度上迟滞了此类产品的研制和市场推广。

本标准的制定和实施可促进 HSS 通过系统集成的方式提高其产品的性能、可靠性，一方面从技术上进一步明确了热、温、冷数据存储的边界；另一方面从用户的角度模糊了热、温、冷数据存储的边界，让使用更加便捷，满足大数据存储、查询和读取不断增长的市场需求，加速产品的研制、改进和推广，同时加强此类产品的通用性，有利于国内技术和市场的培育、发展，显著降低国内用于大数据存储的数据中心的能耗、建设及运维成本，并延长存储寿命，提高存储容量和安全性。同时，对磁光电混合存储系统和产品的功能、性能等一系列指标的测试评价，也有据可依。根据《检验检测机构资质认定评审准则》（国认实〔2023〕21号），经由国家市场监督管理总局或者省级市场监督管理部门委托专业技术评价机构组织相关专业评审人员，在对检验检测机构申请的资质认定事项是否符合资质认定条件以及相关要求进行的技术性审查的基础上，认定可依据标准GB/T 41785—2022开展测评的部分单位如表2-7所示。

表2-7　可依据标准GB/T 41785—2022开展测评的部分单位

序号	机构名称	对应法人单位	机构地址	机构检测范围
1	国家电子计算机质量监督检验中心	中国电子科技集团公司第十五研究所	北京市海淀区北四环中路211号	存储媒体保存寿命、存储容量、IOPS、数据传输率、可靠性、功耗
2	华中科技大学武汉光电国家研究中心	华中科技大学	武汉市洪山区珞喻东路415号[华中科技大学（东校区）]	
3	中国科学院上海光学精密机械研究所	中国科学院上海光学精密机械研究所	上海市嘉定区清河路390号	
4	浙江道创检测有限公司	浙江道创检测有限公司	杭州市余杭区五常街道华立科技园	

本标准起草单位负责情况如下。

（1）中国科学院上海光学精密机械研究所负责草案内容的编制和提出、相关会议的召集，各阶段标准内容的讨论、意见征集汇总、修改及提交等主要工作。

（2）中国科学院档案馆、中国气象局、广东紫晶信息存储技术股份有限公司、北京易华录信息技术股份有限公司、北京星震同源数字系统股份有限公司负责磁光电混合存储系统技术相关部分的编制与修改。

（3）华中科技大学武汉光电国家研究中心、北京尊冠科技有限公司、深圳爱思拓信息存储技术有限公司负责磁光电混合存储系统测试部分的编制和修改。

（4）公安部第一研究所、华录光存储研究院（大连）有限公司负责磁光电混合存储系统的质量评定程序，以及标志、包装、运输和贮存部分的编制与修改，并负责本标准内容的格式审查。

（5）中国电子技术标准化研究院、中国科学院文献情报中心负责同体系其他标准中相关内容的补充、校对和修改。

（6）其他单位均不同程度地参与了本标准的编制工作。

按照国家市场监督管理总局发布的《国家标准管理办法》，由国务院标准化行政主管部门组建、相关方组成的全国专业标准化技术委员会，受国务院标准化行政主管部门委托，负责开展推荐性国家标准的起草、征求意见、技术审查、复审工作，承担归口推荐性国家标准的解释工作。GB/T 41785—2022 的提出和归口单位是全国信息技术标准化技术委员会（SAC/TC 28）。

第2节　适用范围

　1　范围

　　本文件给出了磁光电混合存储系统的组成及分类，规定了磁光电混合存储系统的技术要求、试验方法、质量评定程序，以及标志、包装、运输和贮存。

　　本文件适用于磁光电混合存储系统的设计、开发、生产、试验和应用。

条款解读

一、目的和意图

本条款界定 GB/T 41785—2022 的适用范围。

二、条款释义

本条款站在用户的角度确定了 HSS 的组成及分类，便于各层级用户了解 HSS。GB/T 41785—2022 从标准的具体内容和适用的目标对象两个方面来界定本标准的适用范围。

（1）本条款界定了 HSS 设备应具备的各项要求。一是 HSS 设备自身应该具备或者满足的各项要求，具体包括功能、性能、存储容量、兼容性、安全性、可靠性等；二是在产品生命周期的设计和开发、生产和交付、运行和维护各阶段，HSS 产品或设备应满足的各项要求。

（2）HSS设备的生产者、提供者、数据存储的运营者是适用本标准的目标对象，其他的目标对象还包括各企事业单位的研究人员、测试机构的技术评测人员及希望了解HSS设备的技术人员和管理人员。

第3节　规范性引用文件

标准条款　2　规范性引用文件

下列文件中的内容通过文中的规范性引用而构成本文件必不可少的条款。其中，注日期的引用文件，仅该日期对应的版本适用于本文件；不注日期的引用文件，其最新版本（包括所有的修改单）适用于本文件。

GB/T 2422—2012　环境试验　试验方法编写导则　术语和定义

GB/T 2423.1—2008　电工电子产品环境试验　第2部分：试验方法　试验A：低温

GB/T 2423.2—2008　电工电子产品环境试验　第2部分：试验方法　试验B：高温

GB/T 2423.3—2016　环境试验　第2部分：试验方法　试验Cab：恒定湿热试验

GB/T 2423.5—2019　环境试验　第2部分：试验方法　试验Ea和导则：冲击

GB/T 2423.10—2019　环境试验　第2部分：试验方法　试验Fc：振动（正弦）

GB/T 2828.1—2012　计数抽样检验程序　第1部分：按接收质量限（AQL）检索的逐批检验抽样计划

GB/T 4857.2—2005　包装　运输包装件基本试验　第2部分：温湿度调节处理

GB/T 4857.5—1992　包装　运输包装件　跌落试验方法

GB 4943.1—2011　信息技术设备　安全　第1部分：通用要求

GB/T 5080.7—1986 设备可靠性试验 恒定失效率假设下的失效率与平均无故障时间的验证试验方案

GB/T 5271.14—2008 信息技术 词汇 第14部分：可靠性、可维护性与可用性

GB/T 9254—2008 信息技术设备的无线电骚扰限值和测量方法

GB/T 15934—2008 电器附件 电线组件和互连电线组件

GB/T 17618—2015 信息技术设备 抗扰度 限值和测量方法

GB 17625.1—2012 电磁兼容 限值 谐波电流发射限值（设备每相输入电流≤16 A）

GB/T 18313—2001 声学 信息技术设备和通信设备空气噪声的测量

GB/T 18455—2010 包装回收标志

GB/T 26125—2011 电子电气产品 六种限用物质（铅、汞、镉、六价铬、多溴联苯和多溴二苯醚）的测定

GB/T 26572—2011 电子电气产品中限用物质的限量要求

条款解读

一、目的和意图

本部分列出正文中所引用的相关标准或规范性文件的信息。

二、条款释义

GB/T 41785—2022《磁光电混合存储系统通用规范》中引用了20项国家标准，其中18项为推荐性国家标准、2项为强制性国家标准。内容涵盖了环境试验、计数抽样检验程序、包装、信息技术设备、设备可靠性试验、电磁兼容、声学、电子电气产品中限用物质的限量要求及检测等。

其中，GB 4943.1—2011《信息技术设备 安全 第1部分：通用要求》已经于2023年8月1日废止，由GB 4943.1—2022《音视频、信息技术和通信技术设备 第1部分：安全要求》全部替代；GB/T 9254—2008《信息技术设备的无线电骚扰限值和测量方法》已经于2022年7月1日废止，由GB/T 9254.1—2021

《信息技术设备、多媒体设备和接收机　电磁兼容　第 1 部分：发射要求》全部替代；GB/T 15934—2008《电器附件　电线组件和互连电线组件》即将被废止，由 GB/T 15934—2024《电器附件　电线组件和互连电线组件》全部替代，新标准将于 2025 年 10 月 1 日实施；GB/T 17618—2015《信息技术设备　抗扰度　限值和测量方法》已经于 2022 年 7 月 1 日废止，由 GB/T 9254.2—2021《信息技术设备、多媒体设备和接收机　电磁兼容　第 2 部分：抗扰度要求》全部替代；GB 17625.1—2012《电磁兼容　限值　谐波电流发射限值（设备每相输入电流 ≤ 16 A）》已经于 2024 年 7 月 1 日废止，由 GB 17625.1—2022《电磁兼容　限值　第 1 部分：谐波电流发射限值（设备每相输入电流 ≤ 16 A）》全部替代；GB/T 18455—2010《包装回收标志》已经于 2023 年 2 月 1 日废止，由 GB/T 18455—2022《包装回收标志》全部替代。

　　以上标准的相关内容在 GB/T 41785—2022《磁光电混合存储系统通用规范》中，尤其是检测部分，作为检验的方法和依据得到了具体应用或参考。

第 4 节　术语和定义

 **3.1**

磁光电混合存储系统　hybrid storage system consolidating magnetic, optical and electric media

带有光盘，同时包含磁盘、固态盘/卡中的一种及以上存储媒体，且通过软件管理对外提供统一存储空间的存储系统。

◎ **条款解读**

一、目的和意图

本条款给出磁光电混合存储系统的定义。

二、条款释义

"磁光电混合存储"这一概念在国际上最早由 IBM 公司在 1988 年 5 月申请的专利 US4987533 中进行了阐述。在国内,这一概念最早由清华大学徐端颐于 2004 年提出,经过以国内为主的产业界和学术界不断发展完善,2015 年,华中科技大学曹强等对这一概念及体系架构进行了完整阐述。

对磁光电混合存储系统的定义涉及 3 个要点,分别是带有光盘,同时包含磁盘、固态盘 / 卡中的一种及以上,通过软件管理提供统一存储空间。满足以上 3 个要求的数据存储系统可以被认定为磁光电混合存储系统。对比单一数据存储技术,磁光电混合存储系统是以光存储为基础,集成了磁存储、电存储和光存储 3 种存储技术优点的存储技术,将数据按照热度分别存储在固态盘(solid state drive,SSD)、硬盘驱动器(hard disk drive,HDD,本书中称为磁盘)和蓝光光盘(blu-ray disc / archival disc,BD/AD)上,SSD 或者 HDD 阵列构成数据缓存区,提供高输入 / 输出(input/output,I/O)带宽和高可扩展性,BD/AD 提供安全可靠的低能耗长期存储服务,且数据可随热度的变化在三者之间智能化迁移。温冷数据分级存储可以优化和提高数据存储容量、速度和安全可靠性,磁光电混合存储系统通过数据迁移管理软件,根据特定的策略将数据移到存储层次中较低的层次,释放出较高成本的存储空间给更频繁访问的数据,从而完成数据在各级存储设备之间的自动迁移。存储后可通过软件系统来进行统一管理,从而实现海量数据的管理和利用。

从广义来讲,磁带和冷硬盘都可以作为冷数据的长期存储媒体,磁带库和冷硬盘阵列也可以被纳入磁光电混合存储系统体系,磁带库、冷磁盘柜作为"磁、光、电"设备中的一种类型,可被纳入标准体系。但目前就 HSS 产品而言,冷数据的主要存储媒体是光盘,因此当前在磁光电混合存储系统体系中,不增加高密度、低成本的磁带库设备以及冷磁盘柜设备。

标准条款 **3.2**

第一级存储 primary level storage
用于数据短期存储的装置 / 系统,数据保存时间较短,存储媒体一般为

磁盘或 / 和固态盘 / 卡。

注 1：固态盘 / 卡通常是指使用非易失性存储器（NAND 闪存、相变存储器等）作为数据保存媒体的存储盘或存储卡。

注 2：数据保存时间较短是指存储媒体保存数据的时间较短，一般不超过 5 个自然年。

条款解读

一、目的和意图

本条款给出磁光电混合存储系统中第一级存储的定义。

二、条款释义

分级存储（tiered storage），也称为层级存储管理（hierarchical storage management），广义上讲，就是将数据存储在不同层级的介质中，并在不同的介质之间进行自动或者手动的数据迁移、复制等操作。同时，分级存储也是信息生命周期管理的具体应用和实现。

数据迁移策略和算法在文件分级存储中非常重要，它们可以确保数据在不同存储媒体间的迁移和平衡，以提高存储系统的性能和可靠性。下面是一些常见的数据迁移策略和算法。

（1）基于数据热度的迁移策略。这种策略根据数据的访问频率和访问时间，将数据分为热数据、温数据和冷数据 3 类，然后将数据存储在不同的存储媒体中。随着数据的访问频率和时间的变化，数据会从一种存储媒体迁移到另一种存储媒体。例如，当一些温数据变成热数据时，将其从磁盘阵列迁移到高速缓存中；当一些热数据变成温数据时，将其从高速缓存迁移到磁盘阵列中。

（2）基于空间利用率的迁移策略。这种策略根据存储媒体的空间利用率，将数据从一个存储媒体迁移到另一个存储媒体。当一个存储媒体的空间利用率接近饱和时，就需要将一些数据迁移到其他存储媒体中，以平衡各个存储媒体的空间利用率。

（3）基于性能负载均衡的迁移策略。这种策略根据存储系统的性能负载情况将数据从一个存储媒体迁移到另一个存储媒体。例如，在磁盘阵列中，当某些磁盘的负载过高时，可以将一些数据从这些磁盘迁移到其他磁盘上，以减轻负载。

（4）基于数据复制的迁移算法。这种算法将数据从一个存储媒体复制到另一个存储媒体，以实现数据的备份和冗余。当原始存储介质出现故障时，可以通过备份存储媒体来恢复数据。数据复制算法通常包括同步复制和异步复制两种方式。

（5）基于时间间隔的迁移算法。这种算法根据时间间隔，将数据从一个存储媒体迁移到另一个存储媒体。例如，将数据从磁盘阵列迁移到光盘库中，以降低磁盘阵列的空间利用率，同时保留数据备份。

磁光电混合存储系统架构一般采用两级数据存储层次结构，基于数据热度的迁移策略，将文件划分为多个层次，分别存储在不同层级的介质中。磁光电混合存储系统中，第一级存储用于数据短期存取的存储装置/系统，数据保存时间较短，数据存取速度快。存储媒体一般为磁盘或/和固态盘/卡。

三、示例说明[6]

SSD 作为 HDD 的缓存，存放的数据是 HDD 存放数据的子集。SSD 作为 HDD 缓存的基本架构如图 2-1 所示，混合存储系统的逻辑地址与磁盘中的物理地址是一一对应的，SSD 中只是缓存了磁盘中部分数据的拷贝。当有上层访问请求时，首先会在 SSD 中进行查找，如果该数据在 SSD 上，则直接返回数据，否则再去访问磁盘。

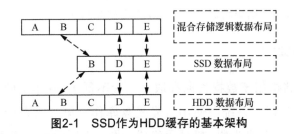

图2-1　SSD作为HDD缓存的基本架构

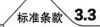 **3.3**

第二级存储　secondary level storage
用于数据长期存取的存储装置/系统，数据保存时间较长，存储媒体一

般为光盘。

> 注 1：光盘存储通常是指基于光盘和光盘载具的存储设备 / 系统，以及光盘读写的网络化设备。作为独立的存储设备时通常被称为光盘库，由光驱、光盘载具、移盘装置（机械手）组成，可自动抓取、装填光盘 / 光盘载具。
>
> 注 2：数据保存时间较长是指存储媒体保存数据的时间较长，一般不低于 10 个自然年，档案级可录类蓝光光盘保存寿命不低于 30 个自然年。

⊙ 条款解读

一、目的和意图

本条款给出磁光电混合存储系统中第二级存储的定义。

二、条款释义

第二级存储（secondary level storage）是指用于数据长期存取的存储装置 / 系统，数据保存时间较长，数据存取速度较慢，存储媒体一般为光盘。光盘存储通常是指基于光盘和光盘载具的存储设备 / 系统，以及光盘读写的网络化设备。作为独立的存储设备时通常被称为光盘库，由光驱、光盘载具、移盘装置（机械手）组成，可自动抓取、装填光盘 / 光盘载具。数据保存时间较长是指存储媒体保存数据的时间较长，一般不低于 10 个自然年，档案级可录类蓝光光盘保存寿命不低于 30 个自然年。目前，最新的归档光盘（archival disc，AD）保存寿命根据生产厂家内部测试结果披露，可达 50 个自然年以上。

三、示例说明 [6]

第二级存储指用于数据长期存取（一般不低于 10 年）的存储装置及系统，磁光电混合存储系统中使用蓝光光盘库作为第二级存储。蓝光光盘库主要由蓝光光盘、蓝光光驱、机械手组成。图 2-2 所示为机架式光盘库结构。另外，业内还有转笼式、抽拉式等光盘库设计结构。

蓝光光盘库设备中，机械手、蓝光光盘和蓝光光驱等重要部件的技术要求及对环境的要求如表 2-8 所示。

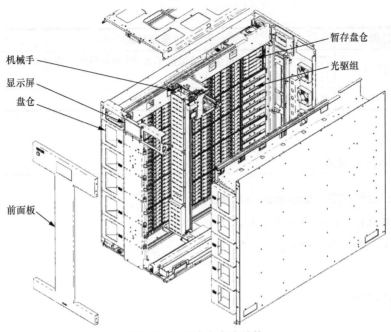

图2-2 机架式光盘库结构

表2-8 蓝光光盘库设备中重要部件的技术要求及对环境的要求

名称	指标要求
蓝光机柜	每个交付单元应包含电源、盘仓、光盘匣、蓝光光盘、蓝光光驱（及激光头）和机械手等部件
机械手	每个交付单元最少提供一组机械手，机械手采用中孔抓盘、边缘抓盘或其他方式，可抓取任意盘盒内1～12张光盘及设备光驱中的光盘
蓝光光盘	需支持AD或BD-R格式标准，AD格式单盘容量需不低于300 GB，BD-R格式单盘容量需不低于50 GB；需具有差错控制编码（error control code，ECC）功能，误码率不高于1.2×10^{-21}；需支持光盘独立磁盘冗余陈列（redundant arrays of independent disks，RAID）技术，支持10+2、11+1等不同保护级别，分别容忍2张、1张光盘失效数据不丢失
光盘匣	光盘匣具备防尘、防光照、抗电磁干扰等特性；通过射频识别（radio-frequency identification，RFID）标签、条形码或槽位号等标识，并内置阅读器识别其中光盘
蓝光光驱	每个交付单元应提供3个及以上蓝光光驱并可进行并发读写
电源配置	至少包含2路220 V AC电源模块，确保电源高可用
离线存储	设备支持以光盘/光盘匣为单位从机柜中离线出库保存
温度要求	标准：10～40 ℃（波动：10 ℃/h以内）
湿度要求	标准：20%～80%RH（无结露）

名称	指标要求
清洁度要求	直径大于0.5 μm的灰尘颗粒浓度不大于3 500 粒/L、直径大于5 μm的灰尘颗粒浓度不大于30 粒/L
噪声要求	标准：噪声值应小于65 dB（A）

标准条款 **3.4**

> **数据传输率 data transfer rate**
>
> 单位时间内所传输的数据量。
>
> 注：用 GB/s、MB/s 等表示。

条款解读

一、目的和意图

本条款给出数据传输率的定义。

二、条款释义

数据传输率（data transfer rate）是指通信线上传输信息的速度，是衡量 HSS 性能的一个重要指标。数据传输率分为外部传输率（external transfer rate）和内部传输率（internal transfer rate）。通常也称外部传输率为突发数据传输率（burst data transfer rate）或接口传输率，它是指从 HSS 的缓存中向外输出数据的速度。内部传输率也称最大或最小持续传输率（sustained transfer rate），是指 HSS 在内部盘片上读写数据的速度。

硬盘的数据传输率是衡量硬盘速度的一个重要参数，它与硬盘的转速、接口类型、系统总线类型有很大关系，它是指计算机从硬盘中准确找到相应数据并传输到内存的速率，以每秒可传输多少兆字节（MB/s）来衡量。IDE 硬盘的数据传输率目前最高的是 133 MB/s，SATA 硬盘的数据传输率已经达到了 600 MB/s。

固态盘的数据传输率是指硬盘缓存和计算机系统之间的数据传输率，也就是计算机通过硬盘接口从缓存中将数据读出交给相应的控制器的速率。固态盘的数据传输率通常要高于光盘的数据传输率，因为固态盘使用的是电子存储芯片，而光盘使用的是光学存储技术。

光盘的数据传输率是指从光盘上读取数据的速度，受到线速度和数据密度这两个因素的影响。线速度是指光驱激光头读取数据时，光盘旋转的速度。常见的线速度有1×、2×、4×、8×等，其中1×表示光盘每秒旋转一圈。随着线速度的提高，光盘读取数据的速度也相应增加。数据密度是指单位面积内存储的数据量，它影响数据传输率是因为高密度意味着相同线性长度或面积内可以存储更多数据。

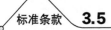
标准条款　**3.5**

空闲状态　idle mode
磁光电混合存储系统加电启动就绪后，处于准备工作状态。

◎ **条款解读**

一、目的和意图

本条款给出磁光电混合存储系统空闲状态的定义，为HSS功耗的准确测量做准备。

二、条款释义

在磁光电混合存储系统中，空闲状态通常是指没有数据传输或没有活动的状态。在这种状态下，没有数据信息在系统中传输，因此系统处于等待或空闲状态。空闲状态可以发生在数据传输之前、数据传输之间或数据传输之后。当系统处于空闲状态时，它不会对数据信号进行任何处理或操作，而是保持静止和等待状态，直到有数据信号传输或接收。

在磁光电混合存储系统中，空闲状态的存在可以帮助系统实现更高效的数据传输和处理。在空闲期间，系统可以执行其他任务或进行维护，以保持系统的稳定性和性能。此外，空闲状态还可以用于系统的时钟同步或其他控制操作。同时，空闲状态并不意味着系统完全关闭或停止工作，系统仍处于准备工作状态，可以随时接收或传输数据信号。

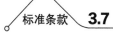 **3.6**

满载状态 full load status

磁光电混合存储系统处于最大负荷（峰值）运行状态，第一级存储、第二级存储的存储媒体进行最大读写操作，第二级存储的所有移盘装置处于运行状态。

注：最大读写操作即密集型读写请求操作。

◎ 条款解读

一、目的和意图

本条款给出磁光电混合存储系统满载状态的定义，为 HSS 功耗的准确测量做准备。

二、条款释义

在磁光电混合存储系统中，满载状态通常是指系统在最大负载条件下运行的状态。此时，系统的存储和读取能力达到极限值，并且系统能够稳定运行而不会出现过热或过载情况。

在满载状态下，磁光电混合存储系统的各个组件（包括磁头、磁盘、光存储媒体以及电子控制器等）都处于高负荷运行状态。此时，数据的存储和读取速度最快，能够满足高带宽和实时性要求。

需要注意的是，满载状态可能会对系统的可靠性和稳定性产生一定的影响。过度的负载可能导致组件的磨损或损坏，从而降低系统的性能，缩短其使用寿命。因此，在实际应用中，需要根据实际需求和系统能力对负载进行合理分配和管理，以确保系统的稳定运行和可靠性。

标准条款 **3.7**

节点 node

一种可寻址的联网存储实体。

[来源：GB/T 33777—2017，3.8]

条款解读

一、目的和意图

本条款给出磁光电混合存储系统中节点的定义。

二、条款释义

在磁光电混合存储系统中，节点（node）通常是指存储系统的基本构建块。每个节点由多个组件组成，包括电存储器、磁存储器、光存储器和电子控制器。这些组件协同工作，实现数据的存储、读取和传输。

节点结构的设计对整个存储系统的性能和可靠性至关重要。每个节点通常包含一个或多个磁头／磁盘组合，用于执行数据的写入和读取操作。同时，节点还配备了用于数据管理和控制的电子电路。

节点控制是指通过电子电路对节点进行管理和监控的过程。节点控制确保各个组件之间的协调和同步，并实现对数据的精确操作。在磁光电混合存储系统中，节点控制还包括对磁头和磁盘的精确控制，以确保数据的准确写入和读取。此外，节点控制也涉及故障检测与恢复功能。如果节点出现故障，控制系统应能够检测到并采取适当的措施进行故障恢复，以确保系统的可靠性和稳定性。

随着应用需求的变化和增长，磁光电混合存储系统可能需要扩展其存储容量和性能，节点扩展是实现这一目标的关键步骤之一。节点扩展可以通过增加节点的数量或增加每个节点的存储容量来实现。通过添加更多的节点，可以增加整个存储系统的容量和并发性能。通过增加每个节点的存储容量，可以进一步提高每个节点的性能并减少对额外节点的需求。

在节点扩展时，需要考虑以下几个因素：可扩展性、性能和成本。对可扩展性的要求是系统能够轻松地添加更多节点或扩展节点的存储容量。对性能的要求是扩展后的系统应能够提供所需的存储性能和数据传输速率。成本则是指扩展节点的硬件和软件成本以及整个存储系统的总拥有成本。

标准条款　**3.8**

纵向扩展　scale up
一种依靠在节点内增加资源进行扩展的方式。
[来源：GB/T 33777—2017，3.9]

条款解读

一、目的和意图

本条款给出纵向扩展的定义。

二、条款释义

许多存储系统开始很简单，但需要进行系统扩展时就会变得复杂。升级存储系统最常见的原因是需要更多的容量，用以支持更多的用户、文件、应用程序或连接的服务器。通常，存储系统的升级不只是需要更多的容量，系统还对其他存储资源有额外需求，即带宽和计算能力。如果没有足够的I/O带宽，将出现用户或服务器的访问瓶颈；如果没有足够的计算能力，常用的快照、复制和卷管理等服务都将受到限制。

纵向扩展在磁光电混合存储系统中通常指的是通过增加单台存储设备的容量来扩展存储容量的过程。这种扩展方式通常是通过增加存储设备的硬件资源，例如增加固态盘、硬盘和光盘的数量或提高存储设备的处理能力，来实现存储容量的扩展。

在纵向扩展中，由于所有数据都存储在单个设备中，因此数据的读写速度和访问速度可以得到提高。同时，纵向扩展还可以提高设备的并发性能和容量利用率。

然而，纵向扩展也存在一些限制。首先，由于所有数据都存储在单个设备中，因此设备的故障可能会影响到整个系统的可用性和可靠性。其次，随着设备容量的增加，设备的复杂性和管理难度也会相应增加。此外，纵向扩展可能会导致硬件瓶颈的出现，限制了系统整体的性能和容量。

标准条款 **3.9**

横向扩展 scale out

一种依靠部署更多的节点进行扩展的方式。

[来源：GB/T 33777—2017，3.10]

条款解读

一、目的和意图

本条款给出横向扩展的定义。

二、条款释义

横向扩展是指通过添加新硬件来扩展存储容量的过程。与纵向扩展不同，横向扩展是在现有系统的旁边添加新的节点，而不是替换或添加更强大的单个节点。

在横向扩展中，每个新节点都具有独立的 CPU、内存和其他组件，因此不会受到纵向扩展中硬件瓶颈的限制。这种扩展方式可以随着容量的增加而线性地提高性能，使得整个集群的性能不会随着容量的增加而下降。横向扩展适用于非结构化数据，其中数据可以分布在多个节点上，以提高弹性和性能。这种设计允许单个数据卷的容量超过单个节点的容量，因此在需要采用支持大容量的对象存储或文件系统时非常适用。

标准条款 **3.10**

可录类蓝光光盘 blu-ray disc recordable；BD-R

一种一次写入多次读出、基于 BD 格式的可录类光盘。

注：通过记录后反射率由高变低或由低变高的方式记录信息。

[来源：DA/T 74—2019，3.1]

条款解读

一、目的和意图

本条款给出可录类蓝光光盘的定义。

二、条款释义

可录类蓝光光盘（blu-ray disc recordable，BD-R）是一种基于 BD 格式的可录类光盘，是能够存储大量数据的外部存储媒体。BD-R 使用的蓝色激光波长较短，因此能在相同的盘片面积上记录更多信息。蓝光存储是典型的一次写多次读（write once read many，WORM）存储，并且具有抗自然灾害、抗磁暴、抗人为数据删除的优点。

在实际应用上，BD-R 常用于个人、企业和专业存档，电影制作，医疗影像存储，数据备份等场景。由于具有容量大和较好的稳定性，BD-R 也被用于数据中心的冷数据存储解决方案，配合自动化、智能化管理软件，实现高效存储和管理。目前，市场上针对特定行业应用，已开始推广使用更高容量的 AD。BD 常见规格包括 50 GB、100 GB、128 GB、200 GB，AD 常见规格包括 300 GB、500 GB 等，这些产品主要定向服务于各行业重要数据（档案类、资产类、法规遵从类数据）的归档或灾备应用。

标准条款 **3.11**

档案级可录类蓝光光盘 archival blu–ray disc recordable

电子档案存储用可录类蓝光光盘。

注：档案级可录类蓝光光盘技术指标优于光盘工业标准，保存寿命大于30年。

[来源：DA/T 74—2019，3.2]

 条款解读

一、目的和意图

本条款给出档案级可录类蓝光光盘的定义。

二、条款释义

在档案数据存储领域，蓝光光盘主要用于档案数据的近线存储和离线备份。蓝光存储载体可靠、寿命长，高质量的光存储载体寿命至少可达50年；从长期使用来看，与电存储、硬盘、胶片等其他几种存储载体相比，蓝光光盘具有单位存储容量成本低的显著优势。光盘可通过多层、多阶、多维以及纳米超分辨等技术手段，使存储容量提高到TB级，并有望进一步降低单位存储容量的成本；蓝光存储在保存信息时几乎不消耗能量，仅在读写时耗能，而且无须空调散热。在长期保存情况下，光存储的能耗只有硬盘存储的1/50。但是在读取光盘数据时，需要将光盘加载到光驱中，访问速度要比硬盘慢得多。用于档案数据存储的蓝光光盘采用一次写入、不可擦写的方式记录，保证档案数据存储的可靠性和安全性。

标准条款 **3.12**

突发误码串　burst error

任意两个误码字节之间正确字节数小于3个的一串字节序列。

注1：误码是指一个字节中被错误检测电路或纠错电路侦测到有一个或一个以上的位有错误。

注2：突发误码串长度是指在一个突发误码串中从第一个误码到最后一个误码之间总的字节数。

注3：突发误码串误码字节数是指一个突发误码串中实际包含误码的字节数。

[来源：DA/T 74—2019，3.9，有修改]

条款解读

一、目的和意图

本条款给出突发误码串的定义。

二、条款释义

突发误码串（burst error，BE）是指在数据传输过程中，由于各种不利因素（包括内部和外部干扰）的影响，光脉冲数字信号发生畸变，从而在接收端出现误码的情况。这些不利因素包括但不限于电路的热噪声、掺铒光纤放大器（erbium-doped fiber amplifier，EDFA）的放大器自发辐射噪声（amplifier spontaneous emission noise，ASE noise）及模分配噪声、光纤衰耗和色散等。

突发误码串通常分为两类：随机性误码和突发性误码。随机性误码的错码出现是随机的，错码之间统计独立，通常是光信噪比（optical signal noise ratio，OSNR）下降、光脉冲发生畸变等原因导致的，而突发性误码则通常是光纤故障、光纤断裂、电源浪涌等原因导致的。

为了解决突发误码串的问题，通常可以采用自动请求重发（automatic repeat request，ARQ）、前向纠错（forward error correction，FEC）和混合纠错（hybrid error correction，HEC）等方法。

 **3.13**

极值突发误码串长度总数 sum of the lengths of maximum burst errors
一个记录单元块中长度大于或等于 40 个字节的突发误码串长度之和。
[来源：DA/T 74—2019，3.11，有修改]

条款解读

一、目的和意图

本条款给出极值突发误码串长度总数的定义。

二、条款释义

极值突发误码串长度总数是指突发误码串中所有极值长度（长度大于或等于 40）的误码串的长度之和。突发误码串是一种在数据传输或存储过程中出现的连续错误，通常由同一原因引起。

极值突发误码串长度总数（sum of the lengths of maximum burst errors，BE Sum）是一个重要的性能指标，它反映了存储系统在面对突发错误时的纠错能力。如果极值突发误码串长度总数较小，说明系统在纠错方面的性能较强，能够更好地保护数据完整性。

在实际应用中，可以通过对存储系统的性能进行测试，来评估其面对突发错误的性能。通过对测试结果的分析，可以进一步优化存储系统的设计和配置，以提高其抗干扰能力和数据存储的可靠性。

 标准条款 **3.14**

> **随机误码率   random symbol error rate**
> 在 10 000 个长程纠错码块中，所测得总误码数扣除长度大于或等于 40 个字节的突发误码串中的误码数，与总字节数扣除长度大于或等于 40 个字节的突发误码串中的误码数之后的比值。
>
> [来源：DA/T 74—2019，3.13，有修改]

🔘 条款解读

一、目的和意图

本条款给出随机误码率的定义。

二、条款释义

随机误码是指在数据传输过程中，由噪声、干扰、衰落、时钟偏差和传输通道的不完美等因素导致的随机错误。这些错误通常难以预测和避免，会随机地出现在传输的数据中，导致数据传输的可靠性和完整性受到影响。

在数字通信系统中，误码率（symbol error rate，SER）是衡量传输错误的度量单位，表示在数据传输中，接收端误解或错误接收到的比特数与发送的比特数之间的比例。该比例通常以百分比或指数形式表示。由于多种因素的影响，误码在数据传输过程中是不可避免的，但是可以通过采用编码技术、信道优化和抗干扰技术等措施来降低其影响。

在数据传输系统中，需要根据实际传输要求提出误码率要求。一般来说，对要求较高的数据传输系统，需要采用更复杂的编码技术和更高的信道质量来降低误码率，以保证数据的准确性和完整性。同时，在测量一个数据传输系统

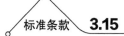

时，需要保证被测量的传输二进制位足够大，才能更接近真正的误码率值。

标准条款 **3.15**

可录类蓝光光盘保存寿命　longevity of blu-ray disc recordable

从可录类蓝光光盘存储数据到数据不能再正确读取的时间。

注：可录类蓝光光盘存储数据后，RSER、BE Sum 随着时间推移而增大。RSER、BE Sum 超过一定值后，可录类蓝光光盘中存储的数据不能再正确读取，表征可录类蓝光光盘寿命终止的技术指标是：RSER ≥ 1.0E-03 或 BE Sum ≥ 1 800 或 UE>0。

[来源：DA/T 74—2019，3.17，有修改]

⊙ 条款解读

一、目的和意图

本条款给出可录类蓝光光盘保存寿命的定义。

二、条款释义

光盘保存寿命通常采用加速老化寿命试验下获得的失效时间数据外推至正常保存条件下来获得，是一种预期保存寿命。可录类光盘问世时间不长，CD-R、DVD-R 分别于 1989 年、1997 年上市，而 BD-R 进入市场只有大约 20 年的时间。参考高质量 CD-R 的实际保存情况，在发售初期生产的高品质 CD-R 中记录的数据保存 20 年后仍然保持着良好的状态。可录类蓝光光盘与 CD-R 物理结构类似，并采用硬涂技术，抗环境影响能力强。因此，可录类蓝光光盘比 CD-R 的存储寿命可能会更长，可以长达 20 年以上。

已记录数据的可录类光盘保存寿命与很多因素有关，如空白盘质量、刻录质量、保存环境、使用和维护等。低质量的可录类光盘保存寿命较短，使用者能够记录统计，但代表不了档案级可录类光盘实际保存寿命。档案级可录类光盘保存寿命较长，目前还没有比较完整的实际保存统计数据。基于《电子档案存储用可录类蓝光光盘（BD-R）技术要求和应用规范》（DA/T 74—2019）将档案级可录类蓝光光盘预期保存寿命确定为30年。随着归档光盘技术的发展，档案级可录类蓝光光盘根据生产厂家内部测试结果披露，预期保存寿命可达50年甚至100年以上。

（第5节） 缩略语

标准条款 **4 缩略语**

下列缩略语适用于本文件。

BE Sum：极值突发误码串长度总数（Sum of the lengths of maximum Burst Errors）

HSS：磁光电混合存储系统（Hybrid Storage System consolidating magnetic, optical and electric media）

IOPS：每秒输入 / 输出次数（Input/Output Per Second）

OPS：每秒操作数（Operations Per Second）

PLS：第一级存储（Primary Level Storage）

RSER：随机误码率（Random Symbol Error Rate）

SLS：第二级存储（Secondary Level Storage）

UE：不可纠正错误（Uncorrectable Error）

条款解读

一、目的和意图

本条款给出 GB/T 41785—2022 在正文中所用到的缩略语。

二、条款释义

给出在本标准正文中多次出现的缩略语，包括英文缩写、中文全称和英文全称。

第 3 章

03

组成及分类

第1节　组成

标准条款　5.1　组成

HSS 可由控制管理区和存储区组成，见图1。

a）控制管理区可由以下三个功能区构成：

1）接口功能区：提供标准的通用硬件接口和软件接口；

2）系统控制功能区：管控并保障存储区；

3）存储管理功能区：管理存储区的存储盘或存储节点。

b）存储区可由以下两级存储区构成：

1）第一级存储区：为系统控制功能区提供磁盘或 / 和固态盘 / 卡物理存储空间；

2）第二级存储区：为系统控制功能区提供光盘等物理存储空间。

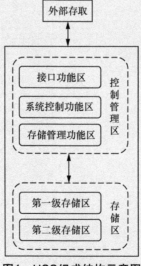

图1　HSS组成结构示意图

⊙ 条款解读

一、目的和意图

本条款按逻辑功能划分，提出磁光电混合存储系统的组成结构，并给出结构示意图。

二、条款释义

按逻辑功能，把磁光电混合存储系统分为存储区和控制管理区两部分。

存储区偏重于不同类型物理存储媒体和设备的混合，是数据实际存储的物理空间。随着大数据、云计算、移动互联网络、人工智能等技术的发展，数据量已呈爆炸性的增长，数据种类多样、大小各异、保存年限要求长短不一、存取速度因场景而异、存储经济性压力越来越大。本标准为了满足数据存储在不同场景下的不同技术要求和成本经济性要求，也为了能够更广泛适应各种场景下的应用需求，将存储区进一步细化出第一级存储区和第二级存储区。第一级存储区主要由高性能、高吞吐量、高并发响应的磁盘存储、固态盘存储构成，来承担热、温数据的存储；第二级存储区更多是从保存数据安全性、长期性、节能性、低成本存储方面考虑，选择以大容量光盘介质和光盘库设备为主，来存储80%的冷数据，这样可以长期安全可靠地存储数据，同时大大降低存储成本。

控制管理区是从软件逻辑上实现存储区中各种不同存储媒体和设备的有机融合，实现存储空间一体化管理、按策略自动智能分级分层存储数据。本标准将控制管理区进一步划分为存储管理功能区、系统控制功能区和接口功能区。存储管理功能区是对存储区中不同的磁盘、固态盘、光盘设备分别进行接入和管理，并对上层系统控制功能区提供不同类型的存储池空间。系统控制功能区从整个系统层角度对不同存储池空间进行一体化管理，并通过可设定的存储策略控制和管理数据在不同存储池空间的流动。例如，数据刚刚产生时往往会处于频繁使用的热数据状态，此时可以存放到高性能固态盘或以磁盘为主的存储池中；随着时间变长，当此数据访问频率变低，进入温数据状态时，就可以将其迁移到以大容量磁盘为主的数据池中，不再占用成本较高的热数据存储池；若数据访问频率进一步降至冷数据状态，则将数据从温数据存储池再迁移到光盘库中的光盘介质上进行长期保存。接口功能区提供整套HSS与外界的物理接口、软件接口。物理接口多以网口为主，可以是电口，也可以是光口。软件接口可以是目前通用的文件、对象或者块接口中的一种或多种，如 CIFS、文件传输协议（file transfer protocol，FTP）、网络文件系统（network file system，NFS）、亚马逊简单存储服务（Amazon simple storage service，S3）、Hadoop 分布式文件系统（Hadoop distributed file system，HDFS）、互联网 SCSI（internet SCSI，iSCSI）等，也可包括系统二次对接的 API。

需要注意的是，本条款描述的 HSS 组成结构为抽象的逻辑功能示意，实际产品结构可能更为复杂，或有部分功能结构融合。

三、示例说明[6]

蓝光存储系统架构主要包括访问接口、存储服务、数据存储、操作维护 4 个部分，系统构建在磁存储层和蓝光存储层之上，完成数据写入、数据读取、数据迁移、数据管理等功能，如图 3-1 所示。

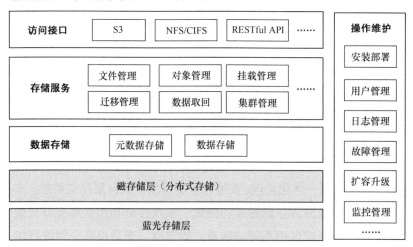

图3-1　蓝光存储系统架构

访问接口：蓝光存储系统通过标准化接口 NFS、CIFS 和 S3 提供上层块、文件、对象的存储，或备份系统的数据迁移/归档，以及数据共享访问服务。蓝光存储系统通过 RESTful API、SNMP 等接口实现与管理系统之间的连接，主要由资源管理平台、运维平台用于对蓝光存储系统实施管理。

存储服务：通过调用系统命令，进行挂载或同步任务的创建、编辑、删除操作，完成数据上传、取回、迁移等，实现数据传输至蓝光存储集群中。

数据存储：承担系统内的数据管理任务，包括元数据管理和提供数据存储的大容量空间管理。

操作维护：提供安装部署、用户管理、日志管理、故障管理、扩容升级、监控管理等功能，方便系统管理维护人员操作和控制蓝光存储系统。

第2节　分类

标准条款　**5.2　分类**

HSS 按照产品及部署形态可分为两类：

a）单机 HSS：集成光盘、磁盘或／和固态盘／卡为一体的单套 HSS，可通过纵向扩展方式实现存储容量扩展；

b）集群 HSS：集成光盘、磁盘或／和固态盘／卡等多种存储节点，或／和多个混合存储节点（如单机 HSS）的 HSS，主要通过横向扩展方式实现存储容量与性能扩展。

条款解读

一、目的和意图

本条款按照系统的产品类型和部署形态给出分类标准。

二、条款释义

本标准从用户实际数据规模角度，给出了 HSS 两种部署形态，即单台设备／机柜的单机 HSS 形态和多台设备／机柜多节点的集群 HSS 形态。

单机 HSS 形态：强调单节点部署，整套系统部署于单个设备或机柜内，适用于小规模数据存储场景，可以实现单台设备／机柜内机械磁盘、固态盘、光盘介质或设备的混合，同时可以实现单台设备／机柜内存储容量的纵向扩展。

集群 HSS 形态：强调多节点部署，整体系统部署于多台设备或机柜内，适用于中等和大型规模数据存储场景，可以实现多台设备／机柜内机械磁盘、固态盘、光盘设备的混合，同时可以实现多台设备／机柜内的数据存储容量和数据存取性能的横向扩展。

需要注意的是，HSS 的分类标准有很多，其中基于产品应用场景可分为 4 类，以此确定标准的边界和基调。数据中心级存储系统容量在 1 000 TB（1 PB）以上；工业级的存储系统容量为 100 ～ 1 000 TB；企业级存储系统容量为 10 ～ 100 TB；个人使用的存储系统容量不超过 10 TB。之后基于"在线、近线、离线""动态、静态""数据中心、企业、个人（规模）""热、温、冷数据" 4 个维度对产品形态进行分类。最后商定根据产品的部署形态分为单机 HSS、单节点 HSS 和集群 HSS，但考虑到单节点 HSS 与集群 HSS 有交集，而且分类维度不一样，最终按照部署形态确定为单机 HSS、集群 HSS 两类。本标准结合用户需要和实际案例，按照产品类型和部署形态进行分类，以更好地确定 HSS 相关参数的描述。

三、示例说明

图 3-2、图 3-3 分别给出了单机 HSS 形态和集群 HSS 形态的示意。

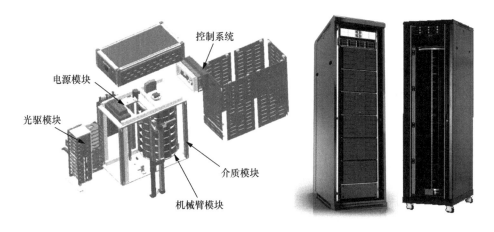

图3-2　单机HSS形态示意

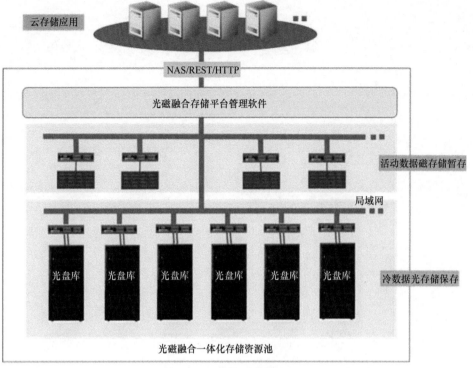

图3-3 集群HSS形态示意

04

第 4 章

技术要求

第1节 **外观及安全防护**

标准条款 **6.1.1 外观**

产品外观应符合下列要求：

a）表面不应有明显的凹痕、划伤、毛刺和污染；

b）表面涂镀层均匀，不应起泡、龟裂、脱落和磨损；

c）金属零部件表面不应有锈蚀及其他机械损伤。

条款解读

一、目的和意图

本条款规定 HSS 产品硬件设备的外观要求。

二、条款释义

本条款有两个要点：其一，针对 HSS 产品硬件设备机械防护外壳表面的质量要求；其二，针对 HSS 产品硬件设备内部各零部件表面的质量要求。

在 HSS 等电工电子类产品的定型（设计定型、生产定型）和生产过程中均需按要求进行质量评定，对外观的评定主要包括硬件设备表面是否有划伤、凹坑、毛刺、污迹；表面镀层是否均匀，是否有起泡、龟裂、脱落、磨损；金属零部件表面是否有锈蚀及其他机械损伤等情况。内部各零部件的质量是 HSS 等电子产品正常运行的关键，如机械手/机械臂等部件被锈蚀，将直接影响光盘的抓取效率。

为确保 HSS 产品硬件设备整体结构的稳定、安全及美观，一般在 HSS 产品设计、生产、组装过程中，会专门配套机械防护外壳，如内部挡板、罩、机箱等。HSS 产品硬件设备中的存储区是由磁盘、固态盘和光盘等多种数据存储设备代替单个数据存储设备构成的混合存储设备，如磁光电一体机、智能存储柜、电磁混合存储服务器等，属于电工电子类产品中的一种。电工电子类产品外观检验标准对产品的外观质量起到了重要作用。通过了解产品外观整体要求、材料质量和表面处理等标准要求，来确保电子产品的外观质量达到标准。

标准条款 **6.1.2 安全防护**

产品安全防护应符合下列要求：

a）设备的活动部件均能锁固，凡有可能伤人的转动部件有防护措施；

b）进风口、排风口等有滤尘及防止伤人的防护措施。

条款解读

一、目的和意图

本条款规定 HSS 产品硬件设备的安全防护要求。

二、条款释义

基于电工电气类设备的安全基本原则，本条款有两个要点：其一，针对 HSS 产品硬件设备内部活动部件的安全要求；其二，针对 HSS 产品硬件设备的进风口、排风口等单独提出的安全要求。

GB 4943.1—2022《音视频、信息技术和通信技术设备　第1部分：安全要求》明确要求电工电气类设备等产品的设计和生产过程中需要考虑使用人员（或操作人员）及维修人员的安全。安全防护中，活动部件包括电动设备的运动部件，对运动部件的防护措施一般有以下3种。

（1）触及运动部件后，不会受伤，包括被撞击（能量小）、夹伤（空间尺寸够大）。

（2）增加防护部件，使运动部件不可触及，或安装联锁开关，打开机壳后，停止工作。

（3）如果在操作或维护时，可触及运动部件，又会造成危害的，应在产品说明书里增加说明，必须是经授权和培训的人员才能进行相关操作，并在相应位置贴警告标志。

HSS 产品硬件设备是由若干个活动部件装备在一起组成的中小型设备。而其中的活动部件是为实现某个动作（或功能）由一个或多个零件组合而成的。因此，活动部件是否锁固将直接影响 HSS 产品硬件设备的整体稳定性和操作人员的人身安全，决定产品运行的可靠性。

HSS 产品硬件设备内部一般均装有风扇等通风、散热设备。在 HSS 产品运行过程中，风扇转动导致进风口风量大，易吸入异物，积累灰尘。另外，使用人员（或操作人员）容易触摸排风口。因此，在风扇的进风口、排风口位置需安装滤尘及防护罩等防护设备，一方面可有效防止风扇损坏，另一方面也能起到安全保护作用。

第 2 节　功能

标准条款　6.2.1　数据写入

产品通过接口功能区接收到写入数据请求，由系统控制功能区执行写入命令，把数据写入存储区相应的存储媒体，由存储管理功能区记录数据的存储位置。数据写入功能应符合下列要求：

a）支持通过块、文件、对象等标准存储协议中一种或几种写入数据；支持将数据直接写入第一级存储；

b）支持将数据通过文件存储方式直接写入第二级存储；

c）支持将数据通过第一级存储写入第二级存储。

条款解读

一、目的和意图

本条款从数据写入请求、执行数据写入、写入数据管理 3 个方面规定 HSS 产品控制管理区的要求，其中包括接口功能区能接收数据写入的请求、系统控制功能区在接收到数据写入请求命令后执行数据写入操作、存储管理功能区对已写入数据的存储位置进行管理，同时规定了 HSS 产品系统控制功能区将数据写入不同存储层级的要求。

二、条款释义

本条款有 4 个要点。其一，HSS 产品可以通过支持块存储、文件存储、对象存储的任意一种或多种标准存储协议将数据写入存储区。其二，HSS 产品支持将数据直接写入第一级存储的磁盘或固态盘中。其三，HSS 产品支持将数据以文件存储形式且不通过第一级存储中的磁盘或固态盘直接写入第二级存储的光盘中。其四，HSS 产品支持将数据从较高存储层级的磁盘、固态盘移动到较低存储层级的光盘中。

数据写入是 HSS 产品最基本的功能要求。HSS 由存储区与控制管理区组成。其中，存储区分第一级存储和第二级存储。第一级存储用于数据短期存储，数据保存时间较短，数据存取速度快，一般采用磁盘、固态盘作为存储媒体；第二级存储用于数据长期存储，数据保存时间较长，数据存取速度较慢，一般采用光盘作为存储媒体。控制管理区由接口功能区、系统控制功能区、存储管理功能区 3 部分构成。其中，接口功能区负责提供标准的通用硬件、软件接口；系统控制功能区负责执行指令，管控并保障存储区；存储管理功能区负责存储区存储盘或存储节点的管理，以及数据存储位置的记录和管理。HSS 产品通过控制管理区的接口功能与存储区建立双向链接，通过接口功能区、系统控制功能区、存储管理功能区 3 个功能模块的协调，完成数据写入、读取和迁移等操作。

从存储逻辑上看，存储通常分为块存储、文件存储与对象存储。其中，块存储也称为块级存储，是一种用于在存储区域网络（storage area network，SAN）或基于云的存储环境中存储数据文件的技术。块存储运用块存储器将数据拆分成块，并单独存储各个块。每个数据块都有唯一标识符，通过存储系统能将较小的数据存放在最高效率的位置。文件存储也称为文件级存储或基于文件的存储，文件会以单条信息的形式存储在文件夹中。对象存储是一种以非结构化格式（被称为"对象"）存储和管理数据的技术，也称为基于对象的存储，其原理为将文件拆分成多个部分并散布在多个硬件中。在对象存储中，数据会被分解为被称为"对象"的离散单元，并保存在单个存储库中，而不是作为文件夹中的文件或服务器上的块来保存。3 种存储类型的差异如表 4-1 所示[7]。

表4-1　3种存储类型的差异

对比项	块存储	文件存储	对象存储
概念	将数据分割成固定大小的块并逐个存储的存储方式，每个块都有地址和偏移量，可以独立读取和写入	以文件为基本单位的存储方式，采用标准的文件系统协议，具有目录树结构，支持文件夹、文件和权限控制	以对象为基本存储单位的存储方式，将数据和元数据当作一个对象进行整体存储
速度	高速随机访问，有最高的IOPS和最低的延迟	随机访问性能较好，适合频繁读写文件	随机访问性能较低，但适合批量数据操作
可扩展性	通常不易于扩展	可以通过横向扩展文件系统来实现扩展	易于横向扩展，可以轻松扩展到PB级别
文件大小	划分为大小相等的块，适用于任意大小的文件	可以处理任意大小的文件，但受到文件系统的限制	通常针对大文件优化，支持TB级别的单个对象
接口	Driver、Kernel Module	POSIX、NFS、SMB/CIFS	RESTful API
典型技术	SCSI、SAN	NFS、HDFS、GFS	Swift、Amazon S3
协议	SCSI、iSCSI、Fibre Channel、NVMe-oF	FTP、NFS、SMB/CIFS	HTTP/HTTPS（RESTful API）
适合场景	高性能数据库、虚拟机磁盘、裸金属服务器存储	文档管理、网站托管、协作平台	媒体流服务、备份和存档、大数据分析

标准条款　**6.2.2　数据读取**

　　产品通过接口功能区接收到读取数据请求，由系统控制功能区执行读取命令，从存储管理功能区查找到被请求数据的存储位置，从存储区读出数据并发送给接口功能区。数据读取功能应符合下列要求：

　　a）支持通过块、文件、对象等标准存储协议中一种或几种读取数据；

　　b）支持直接从第一级存储读取数据；

　　c）支持直接从第二级存储读取数据；

　　d）支持通过第一级存储读取第二级存储中的数据。

● 条款解读

一、目的和意图

本条款从数据读取请求、执行读取命令、查找数据位置3个方面规定HSS产品控制管理区的要求，其中要求接口功能区能接收读取数据的请求，系统控制功能区执行数据读取命令，存储管理功能区负责查找数据存储位置并读出数据。

二、条款释义

本条款规范了通过HSS产品读取数据的要求，有4个要点。其一，HSS产品可以通过支持块存储、文件存储、对象存储的任意一种或多种标准存储协议进行数据读取操作。其二，支持直接从第一级存储读取数据。第一级存储中存储的数据一般为访问频次比较高的数据，从第一级存储中读取数据是实践应用中常见的操作。因此，HSS产品必须支持直接读取磁盘、固态盘中的数据。其三，支持直接从第二级存储读取数据。第二级存储一般采用光盘作为存储媒体，要求HSS产品中的光盘在脱离HSS产品环境后，借助外界光盘驱动器也可以正常读取光盘中的数据。其四，支持通过第一级存储读取第二级存储中的数据。要求HSS产品支持将第二级存储中的数据先缓存到第一级存储，然后通过第一级存储进行数据读取等操作。

HSS产品控制管理区的接口功能区、系统控制功能区、存储管理功能区分工协作，完成数据的读取操作。本条款要求HSS产品控制管理区的接口功能区负责接收数据读取请求，并将数据读取请求命令发送给系统控制功能区，系统控制功能区在收到数据读取请求后，要求存储管理功能区查找被请求数据的存储位置，并将被读取的数据发送给接口功能区，然后通过终端反馈给用户。

标准条款 **6.2.3 数据迁移**

数据迁移功能应符合下列要求：

a）支持迁移策略配置；

b）支持将数据从第一级存储迁移到第二级存储；

　　c）支持将数据从第二级存储迁移到第一级存储。

◉ 条款解读

一、目的和意图

本条款规定在 HSS 产品内部进行数据迁移的要求。

二、条款释义

　　本条款有两个要点。其一，要求 HSS 产品支持迁移策略的配置。HSS 产品的存储区被分为第一级存储和第二级存储。在实际应用中，通常是先将数据写入第一级存储，随着时间的推移，根据数据使用状态的变化，需将数据在不同存储层级之间进行迁移。HSS 产品应支持配置迁移策略，用户可以根据不同策略对数据分级存储级别进行评级，进而评估如何进行数据迁移。其二，要求 HSS 产品支持将数据在第一级存储、第二级存储之间进行数据迁移。在进行数据迁移工作时，HSS 产品应支持将第一级存储中的数据按指定的策略自动迁移到第二级存储的光盘等存储设备上。当需要使用第二级存储上的数据时，HSS 产品支持自动将这些数据从第二级存储的光盘中调回到第一级存储的磁盘或固态盘上。

　　数据迁移也称为分级存储管理，是一种将离线存储与近线、在线存储融合的技术。数据迁移可以将数据从一种介质转移到另一种介质，从一个位置转移到另一个位置，从一种格式转换为另一种格式，也可以从一个应用程序移动到另一个应用程序。为满足数据分级存储管理需求，HSS 产品支持将数据在不同级别存储区之间进行迁移或传输。

　　在数字化转型加速、数据量爆炸性增长以及云计算技术广泛应用的背景下，传统的手动迁移方式难以满足大规模的数据处理需求，未来的数据迁移必将往智能化决策、自动化执行的趋势发展。通过人工智能算法、机器学习等技术，数据迁移的自动化、智能化趋势可降低人力成本，提高迁移成功率，并确保数据安全与合规。

标准条款 **6.2.4 数据管理**

产品通过存储管理功能区实现数据管理功能，包括下列要求：

a）应支持全局数据可视化管理；

b）应支持批量数据自动写入、迁移和恢复等数据管理任务设置；

c）应支持数据自定义冗余级别配置；

d）应支持数据检索、统计与分析，宜对数据存储、读写、检测、备份和迁移等情况进行分时段统计；

e）宜支持存储数据的多版本管理。

条款解读

一、目的和意图

本条款从 5 个方面规定 HSS 产品存储管理功能区数据管理的功能要求。

二、条款释义

本条款有 5 个要点。其一，HSS 产品应支持全局数据可视化管理，这包含两层含义：第一，HSS 产品支持对第一级存储、第二级存储上的全部数据进行管理；第二，HSS 产品支持通过图、表、图谱等形式，分不同维度展现第一级存储、第二级存储上的数据，便于用户了解系统中数据的整体情况。其二，HSS 产品应支持人为配置数据批量自动写入、迁移和恢复等任务的时间、周期，便于用户进行批量操作，同时不影响工作时间段的系统使用。其三，HSS 产品支持自定义冗余级别配置。冗余指出系统安全和可靠性等方面的考虑，人为地对一些关键内容进行重复的配置，如网络冗余、磁盘冗余、数据冗余等。当系统发生故障时，冗余配置可以作为备援及时介入，由此减少损失，从而增强系统的安全性。其四，HSS 产品支持数据检索、统计与分析，宜对数据存储、读写、检测、备份和迁移等情况进行分时段统计，这包含两层含义：第一，要求 HSS 产品支持对数据本身进行统计与分析，包括数据量、数据大小、元数据、存储位置等内容；第二，要求 HSS 产品支持对数据存储、读写、检测、备份和迁移等过程的情况进行分时段统计。数据检索是用户使用数据的关键功能。HSS 产品应支持对第一级存储、第二级存储上的数据进行检索，包括目录检索、全文检索，检索方法应支持简单检索、高级检索等。数据统计与分析是用户了解系统数据存储情况的窗口。其五，HSS产品可以支持存储数据的多版本管理。多版本管理指在数据存储系统中可以保存同一份数据的不同历史版本，并且可以有效地管理和访问这些版本，支持存储数据的多版本管理是一种高级数据管理功能，它增强了数据的可靠性和灵活性，使用户能够在时间维度上灵活操作和利用数据。

三、示例说明

中国科学院档案馆于2018年形成了基于磁光电混合存储系统的数字档案资源长期保存的整体规划，建立了基于磁光电混合存储系统的数字档案资源长期保存系统[8]，如图4-1所示。

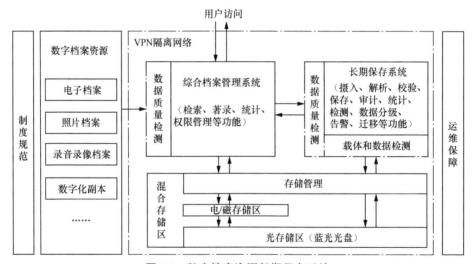

图4-1 数字档案资源长期保存系统

该系统覆盖了数字档案资源长期保存的全流程，如摄入、解析、校验、保存、审计、统计、检测等。系统的核心功能包括以下4个方面。

（1）支持全局数据可视化管理。系统具备全局性数据管理及数字档案资源热度分类和分级存储功能，满足数据查询和数据恢复需求。①支持多种数据分级管理策略，数据热度分级遵守整体访问频次/时间两种策略，即根据用户自定义的访问频次和最新时间范围值，整体访问频次较高的数据或最新被访问的数据均被存储在电/磁存储区；同时支持用户将指定数据直接写入电磁存储区或光存储区。②支持全局性数据管理。统一用户目录视图，在满足多种存储媒体迁移、大文件分散存储一体化管理需求的基础上，在用户检索和利用过程中，对不同存储区的数据进行统一管理。

（2）支持多种数据存储方式。系统的光存储区域同时支持两种数据存储方式：①采用 RAID 7 技术，支撑档案馆光盘 FILES 系统数据存储，有效利用光存储容量，满足通常条件下的数据恢复需求；②采用单张蓝光光盘数据封装策略，提升单张蓝光光盘的自我证明特性，提升极端条件下的档案数据留存率和可用性。

（3）支持数据质量检测。系统集成数字档案资源质量检测工具，满足对数字档案资源真实性、完整性、可用性和安全性等方面共 60 余条规则的检测需求，保证了数字档案资源在数据迁移、数据恢复和长期保存过程中的安全可靠。

（4）支持存储媒体自检。系统能够部署蓝光光盘检测任务，利用空闲时间，通过与蓝光光盘检测光驱配合，批量、自动进行蓝光光盘随机误码率、极值突发误码串长度总数和不可纠正错误等表征蓝光光盘寿命终止的技术指标的检测，并生成检测报告，发出数据迁移需求警告。系统集成存储载体自动检测功能，满足蓝光光盘规模化管理需求。

标准条款 **6.2.5 存储媒体自检**

产品应支持存储媒体自检功能，包括下列要求：

a）应支持存储媒体检测预警阈值配置；

b）应支持第二级存储媒体批量检测任务设置，宜包括光盘抽检比例、抽取方式、检测任务执行时段和检测周期等；

c）应支持检测第二级存储媒体的 RSER，宜同时检测 BE Sum 和 UE；

d）应支持对超过检测预警阈值的存储媒体自动告警；

e）应支持记录全部检测任务内容和检测结果。

◉ 条款解读

一、目的和意图

本条款从 5 个方面规定 HSS 产品应具备存储媒体自检功能的要求。

二、条款释义

本条款有 5 个要点。其一，HSS 产品应支持对存储媒体存储量预警阈值的人为配置，用户可根据自身需要设置不同的预警值，从而确保存储媒体能满足短时间内数据存储的增长需求。其二，HSS 产品支持人为设置光盘批量检测任务，并可以设置光盘抽检比例、抽取方式、检测任务执行时段和检测周期等内容。其三，HSS 产品应支持检测光盘的随机误码率（RSER），并可以同时检测极值突发误码串长度总数（BE Sum）和不可纠正错误（UE）。其四，HSS 产品的存储媒体容量达到预警阈值上限时，应进行自动告警，便于用户进行存储媒体的扩展。其五，为便于用户查看存储媒体自检任务及检测结果，HSS 产品应支持记录全部检测任务内容和检测结果。

为确保存储设备能满足短时间内数据存储的增长需求，并确保数据长期保存的安全性，应对存储媒体进行定期检测。GB/T 18894—2016《电子文件归档与电子档案管理规范》规定，应定期对磁性载体进行抽样检测，且抽样率不低于 10%；应定期对光盘进行检测，检测结果超过三级预警线时应立即实施更新。HSS 产品存储媒体自检功能涉及对磁盘、固态盘和光盘等存储媒体的检测。针对磁盘检测，可以参考自我监测分析与报告技术（self-monitoring analysis and reporting technology，S.M.A.R.T.）规范或硬盘生产厂商专用检测规范。S.M.A.R.T. 是用于监控磁盘状态和报告潜在问题的技术。针对固态盘的检测，可以参考 GB/T 36355—2018《信息技术　固态盘测试方法》。另外，针对蓝光光盘的检测，可参考 DA/T 74—2019《电子档案存储用可录类蓝光光盘（BD-R）技术要求和应用规范》，其中明确了蓝光光盘记录前与记录后的检测要求，包含 RSER、BE Sum 以及 UE 这 3 个参数。除了蓝光光盘，光盘还有 CD、DVD、AD 等不同种类，CD、DVD 可以参考 GB/T 33663—2017《只读类出版物光盘 CD、DVD 常规检测参数》、GB/T 33662—2017《可录类出版物光盘 CD-R、DVD-R、DVD+R 常规检测参数》等规范进行检测；AD 可以依据企业标准进行检测。

第3节 性能

6.3.1 IOPS/OPS

应标明产品只读和只写的 IOPS/OPS 值，并标明该值对应的存储配置。IOPS/OPS 值不应小于产品说明书中标称值的 90%。

条款解读

一、目的和意图

本条款规定 HSS 产品每秒进行读写操作次数的指标要求。

二、条款释义

本条款有 3 个要点。其一，标明 HSS 产品在只读和只写操作下的 IOPS/OPS 值。其二，详细说明测试 IOPS/OPS 值时所采用的存储配置，包括但不限于 RAID 级别、驱动器数量、缓存大小等，便于用户理解和复现测试条件。其三，设定性能下限，即实际 IOPS/OPS 性能至少达到标称值的 90%。

IOPS/OPS 是指每秒进行读写操作的次数，用于计算存储设备（如硬盘、固态盘）的性能，是衡量存储媒体随机访问性能的重要指标。IOPS/OPS 值的大小直接影响数据的访问速度。因此，HSS 产品应明确只读和只写的 IOPS/OPS 值。本条款考虑到光盘随机访问的评估方法与硬盘、固态盘的不同，因此一般情况下该要求仅针对 HSS 产品第一级存储。

另外，IOPS/OPS 的测试数值跟系统配置有直接关系。测试者在测试时的控制变因不同。控制变因包括读取及写入的比例、数据写入和读取的介质、顺序访问及随机存取的比例及配置方式、线程数量及访问队列深度、数据区块的大小等。其他因素也会影响 IOPS/OPS 的结果，例如系统设置、接口类型、存储设备的驱动程序、操作系统后台运行的作业等。在测试固态盘时，是否先进行预处理也会影响 IOPS/OPS 的结果。因此，需要明确对应的存储配置。同时，要求实际

IOPS/OPS 值不低于产品铭牌或产品说明书中标称值的 90%。

6.3.2 数据传输率

> 应标明产品只读和只写的数据传输率值，并标明该值对应的存储配置。数据传输率峰值不应小于产品铭牌或产品说明书中标称值的 90%。

◉ **条款解读**

一、目的和意图

本条款规定 HSS 产品应标明数据传输率值与实际最高数据传输率等要求。

二、条款释义

本条款规范了 HSS 产品数据传输率和实际峰值数据传输率，有 3 个要点。其一，清晰标明 HSS 产品在只读和只写操作下的数据传输率。其二，标明数据传输率测试时所采用的存储配置，以便用户能够复现或合理预期在相似环境下的性能。其三，确保 HSS 产品的峰值数据传输率在实际使用中能够达到标称值的 90%。

数据传输率是指单位时间内传输的数据量，也即人们常说的"倍速"数，是描述数据传输系统的重要技术指标之一。数据传输率的具体数值受软件、硬件、接口协议、网络类型和带宽等配置的影响。因此，HSS 产品应标明只读和只写时的数据传输率值。另外，由于配置环境等因素的影响，HSS 产品应标明该值对应的存储配置。同时，HSS 产品实际的数据传输率峰值应大于或等于产品铭牌或产品说明书中标称值的 90%。

(第 4 节) **存储容量**

6.4 存储容量

> 应标明产品的第一级存储和第二级存储的存储容量标准配置。

产品的最大可用容量不应低于其通过存储容量标准配置计算出的容量数值的 90%。

注1：存储容量标准配置是指产品对存储媒体的支持情况，包括媒体类型、接口、数量等信息。

注2：最大可用容量是指操作系统能使用的原始容量。

◎ 条款解读

一、目的和意图

本条款规定磁光电混合存储系统第一级存储和第二级存储容量标准配置与实际最大可用容量要求。

二、条款释义

本条款有两个要点。其一是要标明第一级存储和第二级存储的具体容量，例如第一级配置为 2 500 GB SSD，第二级配置为 10 TB BD。其二是实际使用时的最大可用容量至少要达到存储容量标准配置的 90%。设备支持的存储媒体类型，包括传统的 HDD、SSD、BD/AD、SD 卡等非易失性存储设备，每种媒体都有其特定性能、速度和容量范围，有不同用途。

存储容量是磁光电混合存储系统的重要技术指标。磁光电混合存储系统的存储容量受到产品设计的各类存储媒体可容纳最大数量、实际应用的单张 / 单块存储媒体容量等的影响。因此，磁光电混合存储系统产品应明确标注第一级存储和第二级存储容量的标准配置信息，即产品对各类存储媒体的支持情况，如媒体类型、接口、数量等信息。

同时，受存储容量计算方式、预留空间等因素的影响，产品实际可用最大容量通常低于产品的标称容量。本条款规定了磁光电混合存储系统第一级存储和第二级存储中产品的最大可用容量，即操作系统能使用的原始容量应不低于标准配置计算出的容量数值的 90%。

（ 第5节 ）　　**兼容性**

兼容性是指硬件之间、软件之间或软硬件组合系统之间相互协调工作的程度。磁光电混合存储系统能适用于在线存储和近线存储，同时可用于数据长期保存的应用场景。因此，兼容性是该系统的核心要求。本节从数据兼容性、硬件兼容性和软件兼容性3个层面对磁光电混合存储系统的兼容性进行了规定。

标准条款　6.5.1　数据

产品的数据兼容性要求如下：

a）应提供存储数据迁移环境、工具和接口；

b）应支持光盘数据通过第三方设备或系统正确读取；

c）宜提供第二级存储媒体在第三方系统批量读取方案。

◉ 条款解读

一、目的和意图

本条款从3个方面规定磁光电混合存储系统数据兼容性方面的要求，其中存储数据迁移、第三方设备或系统读取为必需要求，第二级存储媒体在第三方系统批量读取为可选要求。

二、条款释义

由于存储媒体、产品硬件及软件都具有一定的生命周期，对具有一定保管期限要求的数据来说，适时进行数据迁移是必要操作。因此，存储数据的兼容性是用户必须考虑的关键问题。

存储数据的兼容性包含至少3个方面的含义：其一，产品必须提供用于存储数据迁移的环境、工具和接口，保障必要时能够将存储数据迁移至其他存储媒体或系统；其二，产品必须支持光盘数据通过第三方设备或系统正确读取，以减少存储数据对特定产品或厂家的依赖；其三，产品最好能够提供第二级存储媒体在第三方系统批量读取方案，即用一种光驱刻录的光盘数据能够用第三方系统的光驱正确、批量读出数据，以在保障效率的前提下降低对软、硬件设备的依赖性。

标准条款 **6.5.2 硬件**

产品的硬件兼容性要求如下：

a）第一级存储和第二级存储应支持向后兼容；

b）第一级存储和第二级存储宜支持至少两种品牌、容量、型号的存储媒体。

◉ 条款解读

一、目的和意图

本条款从两方面规定磁光电混合存储系统硬件兼容性方面的要求，其中第一级存储和第二级存储向后兼容为必需要求，支持多种品牌、容量、型号的存储媒体为可选要求。

二、条款释义

对硬件来说，磁光电混合存储一体机更换不同的部件或者不同品牌的配件后，如果能够相互配合并稳定地工作，就说明它们之间的兼容性比较好，反之就是兼容性不好。向后兼容，又称向下兼容，在计算机中指一个程序和/或库更新到较新版本后，用旧版本程序创建的文档或系统仍能被正常操作或使用（包括写入），或在旧版本库的基础上开发的程序仍能正常编译运行的情况。

磁光电混合存储系统的硬件兼容性包括至少两个方面的含义：其一，第一级存储和第二级存储应兼容旧型号，即相应产品升级换代后，旧型号产品中的第一级存储和第二级存储应能在新型号产品中正常使用；其二，产品的第一级存储和第二级存储最好能够支持至少两种品牌、容量、型号的存储媒体，也就是说磁光电混合存储系统中的磁盘、固态盘、蓝光光盘、SD 卡等，最好支持至少两种品牌、容量、型号。

標准条款 **6.5.3 软件**

产品的软件兼容性要求如下：

a）系统控制功能区应支持至少两种不同品牌和型号的核心部件；

b）存储管理功能区宜支持至少两种不同品牌的操作系统和数据库。

◉ **条款解读**

一、目的和意图

本条款从两个方面规定磁光电混合存储系统软件兼容性方面的要求，其中系统控制功能区运行的软件支持至少两种不同品牌和型号的核心部件（硬件）为必需要求，存储管理功能区的相关软件支持至少两种不同品牌的操作系统和数据库为可选要求。

二、条款释义

磁光电混合存储系统的软件兼容性包含至少两个方面的含义。其一，系统控制功能区执行写入 / 读取命令，用于管控并保障存储区，是磁光电混合存储系统的核心控制管理区，应支持至少两种不同品牌和型号的核心部件（硬件）。其二，存储管理功能区用于管理存储区的存储盘或存储节点，记录数据的存储位置，支持数据管理相关功能，最好能够支持至少两种不同品牌的操作系统，如 Windows 11 和红旗 Linux；最好能够支持至少两种不同品牌的数据库，如 MySQL 这类开源数据库和人大金仓这类国产数据库等。

第 6 节 安全

標准条款 **6.6.1 设备安全**

产品的安全要求应符合 GB 4943.1—2011 的规定。

条款解读

一、目的和意图

本条款是从产品硬件的角度规定磁光电混合存储系统设备安全的要求。

二、条款释义

GB 4943.1—2011《信息技术设备 安全 第1部分：通用要求》已经于2023年8月1日废止，由GB 4943.1—2022《音视频、信息技术和通信技术设备 第1部分：安全要求》全部替代。对应条款修改为"产品的安全要求应符合GB 4943.1—2022的规定"。

磁光电混合存储系统设备安全应符合GB 4943.1—2022《音视频、信息技术和通信技术设备 第1部分：安全要求》所提出的规定。新标准的核心变化是整合了国际标准，参考采用IEC 62368-1:2018标准，确保与国际安全标准接轨；此外，引入了更科学的测试方法，如温升测试、耐压测试和电气间隙测量等，新增了对有害物质的限制，推动绿色生产；并且覆盖了信息技术设备、音频设备和视频设备，简化了标准的应用。GB 4943.1—2022《音视频、信息技术和通信技术设备 第1部分：安全要求》是产品安全标准，对能量源进行了分级，并规定了针对能量源的安全防护，同时提供了应用安全防护的指导以及针对安全防护的要求。

GB 4943.1—2022《音视频、信息技术和通信技术设备 第1部分：安全要求》适用于音频、视频、信息技术和通信技术、商务和办公机器领域内的额定电压不超过600 V的电气和电子设备；也适用于预定要安装在该设备中的元器件和组件，如果装有这种元器件和组件的完整设备符合该标准的要求，则这种元器件和组件就不需要符合该标准中每一条的要求。

磁光电混合存储系统设备在设计时应按照GB 4943.1—2022《音视频、信息技术和通信技术设备 第1部分：安全要求》的相关条款执行。如果磁光电混合存储系统设备所涉及的技术、材料或结构方式未明确包含在GB 4943.1—2022《音视频、信息技术和通信技术设备 第1部分：安全要求》中，那么设备提供的安全等级应当不低于GB 4943.1—2022《音视频、信息技术和通信技术设备 第1部分：安全要求》中的安全原则给出的等级。

标准条款　**6.6.2.1　系统安全**

产品的系统安全应符合下列要求：

a）账户的安全性；

b）监控异常访问等情况；

c）设置异常或故障告警；

d）具有权限管理、日志输出功能。

条款解读

一、目的和意图

本条款从 4 个方面规定磁光电混合存储系统产品的系统安全的要求。

二、条款释义

本条款在制定的过程中引用了 GB/T 33777—2017《附网存储设备通用规范》等相关标准。系统安全应确保账户的安全性；应对系统的运行状况和系统中的用户行为进行监视、控制和记录；对于监控发现的异常或故障，第一时间通过声音、灯光、短信、邮件等方式通知管理员；应具有权限管理、日志输出功能。

权限管理通常包括用户认证和用户授权两部分。用户认证是指用户访问系统时，系统要验证用户身份的合法性。常用的用户身份验证的方式有用户名密码方式、指纹打卡机方式、基于证书验证方式。只有系统验证用户身份合法，用户才能访问系统的资源。用户认证流程如图 4-2 所示。

用户授权，简单理解为访问控制，在用户认证通过后，系统对用户访问资源进行控制，用户具有资源的访问权限方可访问。用户授权流程如图 4-3 所示。

日志记录涵盖以下内容。

（1）操作日志：记录用户活动，如登录尝试、数据更改、文件访问、权限修改等。

（2）系统日志：系统状态、错误信息、启动、关闭、资源使用情况、性能指标等。

（3）安全日志：异常登录尝试、权限越权访问、攻击行为等安全相关事件。

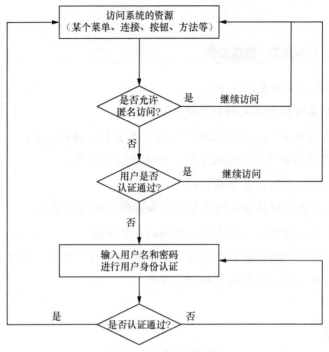

图4-2　用户认证流程

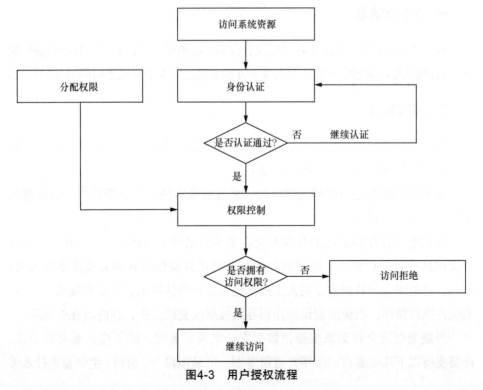

图4-3　用户授权流程

标准条款 **6.6.2.2 数据安全**

产品的数据安全要求如下:

a）应对异常操作具有自保护能力;

b）应对可能引起数据改变的人工操作具有警告确认提示;

c）当提供数据安全增强服务时,应支持以下要求:

　1）应支持用户身份鉴别;

　2）应支持对关键或敏感数据的加密写入和解密读出;

　3）应支持外接（或内置）密码设备或模块;

　4）所采用的密码设备及算法应符合国家有关规定,系统密码功能应通过密码测评机构的相关检测。

条款解读

一、目的和意图

本条款从6个方面规定了磁光电混合存储系统数据安全的要求,其中自保护能力、警告确认提示为必需要求,另外4个方面是提供安全增强服务时须满足的要求。

二、条款释义

数据安全是指通过采取必要措施,确保数据处于有效保护和合法利用的状态,以及具备保障持续安全状态的能力。

安全保护能力是指能够抵御威胁、发现安全事件以及在遭到损害后能够恢复先前状态等的程度。

磁光电混合存储系统的数据安全应至少满足两个方面的要求:其一,对异常操作具有自保护能力,能够有效地防止非正常操作引起的数据改变或丢失;其二,对可能引起数据改变的人工操作进行警告确认提示,待用户确认无误后,系统再执行操作,以免出现误操作而导致数据改变或丢失,预防潜在的风险。

当磁光电混合存储系统提供数据安全增强服务时,除了应满足必需要求,还要支持以下几项要求。①用户身份鉴别,可采用口令、密码、生物鉴别技术等对用户进行身份鉴别。②关键或敏感数据的加密写入和解密读出,确保数据安全。③外接(或内置)密码设备或模块。系统、设备或软件具有集成或连接外部密码管理硬件设备(如加密狗、智能卡读卡器、指纹识别器、人脸识别模块等)的能力,用户可以根据自身安全需求选择适合的安全级别和认证方式。④密码设备应符合《中华人民共和国密码法》等法律法规和 GB/T 39786—2021《信息安全技术 信息系统密码应用基本要求》等标准的要求。

支持外接密码设备指的是系统能够通过 USB 接口、蓝牙技术、NFC 技术以及 HID 协议等方式连接外部的密码输入或生物识别设备。例如,通过 USB 接口连接加密狗进行身份验证,外接指纹识别器、人脸识别模块等进行生物特征匹配。加密狗主要由两部分组成:一是可以插入计算机 USB 接口的硬件部分,二是配套的软件组件。当用户试图使用受保护的软件时,系统会验证加密狗的存在及其有效性,只有持有有效授权的用户才能使用或访问特定的软件功能。

内置模块指的是设备或系统内部集成的密码管理或加密模块,如可信平台模块(trusted platform module,TPM)、硬件安全模块等,用于存储密钥、处理加密运算、执行身份验证等。这些内置模块可以直接嵌入设备主板或软件架构中并提供安全功能,无须外置硬件支持。

本条款在制定的过程中引用了 GB/T 33777—2017《附网存储设备通用规范》、GB/T 35313—2017《模块化存储系统通用规范》等相关标准。

第7节　可靠性

 **6.7　可靠性**

产品的平均失效间隔时间(MTBF)的不可接受值(m_1)不应小于 9 000 h。

◉ **条款解读**

一、目的和意图

本条款提出磁光电混合存储系统的可靠性要求。

二、条款释义

可靠性是指产品在规定的条件下和规定的时间内，完成规定功能的能力。从专业术语上来说，如果产品的可靠性越高，产品可以无故障工作的时间就越长。可靠性的具体指标值，不局限于仅考虑机械手、机械臂和盘笼等移盘装置的工作失效间隔时间，还可以用其他核心部件的失效间隔时间来描述，以提高指标值并且提供相应的依据。

平均失效间隔时间（mean time between failures，MTBF）是衡量一个产品的可靠性指标，单位为"小时"。它反映了产品的时间质量，是体现产品在规定的时间内保持功能的一种能力。具体来说，MTBF 是指元件或系统两次相继失效间隔时间的期望，也被称为平均故障间隔时间。

本条款在制定的过程中参考了 GB/T 33777—2017《附网存储设备通用规范》、GB/T 35313—2017《模块化存储系统通用规范》等相关标准，采用 MTBF 来衡量 HSS 产品的可靠性，参考服务器、路由器等网络关键设备的 MTBF 值为 10 000 h，综合国内各厂家的 HSS 产品状况和用户使用要求，提出了 9 000 h 这一最低指标。磁光电混合存储系统中带有光盘，同时包含磁盘、固态盘 / 卡中一种及以上的存储媒体，还有光盘移动装置（如机械手、转盘等）、电子控制单元等。虽然光驱的 MTBF 的 m_1 低于 9 000 h，但光驱作为耗材是可以更换的，而且光驱的累计刻录时间 1 000 h、累计读取时间 2 000 h 的指标，是在一直加电工作的情况下得出的，实际上产品大部分时间处于不刻录的状态，不会对 HSS 的 MTBF 产生影响。因此，本条款提出 HSS 产品 MTBF 的 m_1 不应小于 9 000 h。

 第 8 节 　功耗

标准条款 **6.8　功耗**

产品的待机功耗和峰值功耗不应高于产品铭牌或产品说明书中的标称值。

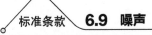 条款解读

一、目的和意图

本条款提出磁光电混合存储系统的能耗指标，以反映 HSS 产品的节能水平。

二、条款释义

功耗是所有电器设备都具备的一个指标，指在单位时间内所消耗的能源的数量，单位是瓦特（W）。磁光电混合存储系统并非始终在工作，在不工作时则处于空闲状态，同样也会消耗一定的能量（只有切断电源才不会消耗能量）。因此产品的功耗一般会有两个，一个是工作功耗，另一个则是待机功耗。峰值功耗则是产品工作时所能产生的最大能耗。

绿色节能是磁光电混合存储系统的重要特点。在磁光电混合存储系统中，光存储占比越高，磁光电混合存储系统的功耗越低。磁光电混合存储系统中光存储的占比为 100% 时，功耗最低；磁光电混合存储系统中光存储的占比为 0 时，功耗最高。无论光存储占比多少，待机功耗和峰值功耗都不应高于标称值。

在绿色节能评价方面，有的文件采用"电源使用效率（power usage effectiveness，PUE）"指标，但这样评价适合集群磁光电混合存储系统，不能照顾到单机磁光电混合存储系统，同时也不好测试，因此，本条款采用"功耗"指标。

未来期望能够通过各种型号 HSS 产品的统计，像冰箱、空调、洗衣机一样给出具体的能耗标识。

第9节　噪声

标准条款　**6.9　噪声**

产品的噪声要求如下：

a）单机 HSS 在满载状态下的声压级不应高于 65 dB（A）；

b）集群 HSS 的单个节点在满载状态下的声压级不应高于 80 dB（A）。

🔘 **条款解读**

一、目的和意图

本条款提出单机磁光电混合存储系统的噪声指标和集群磁光电混合存储系统中单节点的噪声指标，以期拓宽磁光电混合存储系统的适用场所范围，让维护及相关人员拥有更加适宜的工作环境。

二、条款释义

单机磁光电混合存储系统的主要噪声来源有服务器的内部风扇组、磁盘阵列的内部风扇组、光盘库的移盘装置（机械手）以及光驱部分的风扇组。在满载状态下，单机 HSS 的声压级应低于或等于 65 dB（A）。集群磁光电混合存储系统中单节点既包含单机磁光电混合存储系统，也包含光盘库、硬盘库和磁盘阵列等多种单介质存储。集群 HSS 的单个节点在满载状态下的声压级应低于或等于 80 dB（A）。本条款在制定的过程中参考了 GB/T 18313—2001《声学 信息技术设备和通信设备空气噪声的测量》等相关标准。

（第10节） 电磁兼容性

电磁兼容性（electromagnetic compatibility，EMC）是指设备或系统在其电磁环境中能正常工作且不对该环境中任何其他设备产生无法忍受的电磁干扰的能力。为了规范电子产品的电磁兼容性，所有的发达国家和部分发展中国家都制定了电磁兼容性标准。电磁兼容性确保了电子设备既能抵抗外来电磁干扰，也不会发出过量的电磁辐射去干扰周围设备，设备在共享电磁频谱资源中共存共处，保证了系统的稳定和安全运行。

◢ 标准条款 **6.10.1 无线电骚扰**

产品的无线电骚扰应符合 GB/T 9254—2008 的规定。在产品标准中应明确规定选用 A 级或 B 级。

条款解读

一、目的和意图

本条款规定产品的无线电骚扰限值。无线电骚扰限值是保证设备正常运行的关键技术指标之一。

二、条款释义

GB/T 9254—2008《信息技术设备的无线电骚扰限值和测量方法》已经于2022 年 7 月 1 日废止，由 GB/T 9254.1—2021《信息技术设备、多媒体设备和接收机电磁兼容 第 1 部分：发射要求》全部替代。新标准的主要技术变化包括：适用范围更宽，适用于多媒体设备，包括专业用途的多媒体设备以及 GB/T 9254—2008 和 GB/T 13837—2012 适用的设备；对 1 GHz 以下辐射发射测量要求，增加了在 OATS/SAC 中的 3 m 测量距离的限值与在 FAR/FSOATS 中的 3 m 测量距离和 10 m 测量距离的限值；增加了在 GTEM 与 RVC 内进行辐射发射测试的限值和测试方法；删除了骚扰功率试验项目要求；更改了辐射发射测量中 EUT、AE 和相关电缆的边界定义等。对应的条款修改为：“产品的无线电骚扰应符合 GB/T 9254.1—2021 的规定。在产品标准中应明确规定选用 A 级或 B 级。”

无线电骚扰限值是指为保护无线电通信设备免受不必要的电磁干扰，确保电磁兼容性而设定的最大允许电磁能量或场强标准。无线电骚扰包括设备在运行过程中产生并可能对无线电频谱的无意辐射（如辐射骚扰）以及传导排放（如通过电源线、信号线等）的骚扰。不同国家或地区对此有具体的法规和标准，例如欧盟的 CISPR 22、我国的 GB/T 9254.1—2021《信息技术设备、多媒体设备和接收机 电磁兼容 第 1 部分：发射要求》等规范了信息技术设备（information technology equipment，ITE）和其他电子产品的无线电骚扰限值，确保其在一定范围内减少无线电干扰，保障设备之间相互操作时不互相干扰。

无线电骚扰限值中的“A 级”和“B 级”是用于区分不同级别的无线电骚扰限值标准。B 级 ITE 是指满足 B 级骚扰限值的设备，主要用于生活环境中，可包括：不在固定场所使用的设备，例如由内置电池供电的便携式设备；通过电信网络供电的电信终端设备；个人计算机及相连的辅助设备。生活环境是指有可能在离有关设备 10 m 的范围内使用广播和电视接收机的环境。

A 级 ITE 是指满足 A 级限值但不满足 B 级限值要求的设备。对这类设备不限制销售，但应在相关的产品说明书中包含如下内容。

警告

此为A级产品。在生活环境中，该产品可能会造成无线电干扰。在这种情况下，可能需要用户对干扰采取切实可行的措施。

标准条款 6.10.2 谐波电流

产品的谐波电流应符合 GB 17625.1—2012 中对 A 类的限值要求。

条款解读

一、目的和意图

本条款规定产品的谐波电流发射限值。谐波电流发射限值是保证设备正常运行的关键技术指标之一。

二、条款释义

GB 17625.1—2012《电磁兼容　限值　谐波电流发射限值（设备每相输入电流≤16 A）》已经于 2024 年 7 月 1 日废止，由 GB 17625.1—2022《电磁兼容　限值　第 1 部分：谐波电流发射限值（设备每相输入电流≤16 A）》全部替代。新标准主要更新的技术内容涵盖多功能设备、电视接收机的试验条件、信息技术设备的试验条件以及外部电源。对应的条款修改为："产品的谐波电流应符合 GB 17625.1—2022 中对 A 类的限值要求。"

谐波电流发射限值通常指电气和电子设备在工作时向电网注入的电流中所含有的谐波形变成分（即谐波电流）的限制值。谐波电流由一些特定电子设备和电力系统（如电子开关、整流器、变频器等）引起，这些设备将正弦交流电转换为周期性非正弦电流，其中包括很多频率成分，不只是基波频率。谐波电流会给电力系统和相关设备带来许多问题，如电网电能效率降低、干扰其他设备的正常运行、增加线路损耗以及损坏电力设备等。

为了保证电力系统的稳定运行和设备间的相互兼容性，国际和各国制定了一系列标准来限制谐波电流的发射限值。例如，欧盟的 EN IEC 61000-3-2:2019 和我国的 GB 17625.1—2022《电磁兼容　限值　第 1 部分：谐波电流发射限值（设备每相输入电流≤ 16 A）》标准规定了设备的谐波电流发射限值。这些标准根据设备的类别、功率等级、连接电网电压等级、使用环境等因素设定不同的限值，确保电气设备在设计、生产、测试、使用中满足该限值要求，以保护电网和电气环境的电能质量。本条款规定了 HSS 产品的谐波电流应符合 GB 17625.1—2022《电磁兼容　限值　第 1 部分：谐波电流发射限值（设备每相输入电流≤ 16 A）》中对 A 类的限值要求[8]。其中 A 类设备主要包括平衡的三相设备、家用电器（除了列入 D 类的设备）、工具（除了便携式工具）、白炽灯调光器、音频设备以及未规定为 B、C、D 类的设备。A 类设备输入电流的各次谐波不应超过表 4-2 给出的限值。

表4-2　A类设备的限值

谐波次数h	最大允许谐波电流/A
奇次谐波	
3	2.30
6	1.14
7	0.77
9	0.40
11	0.33
13	0.21
$15 \leqslant h \leqslant 39$	$0.15 \times 15/h$
偶次谐波	
2	1.08
4	0.43
6	0.30
$8 \leqslant h \leqslant 40$	$0.23 \times 8/h$

标准条款 **6.10.3 抗扰度**

产品的抗扰度应符合 GB/T 17618—2015 的规定。

条款解读

一、目的和意图

本条款规定产品的抗扰度限值。抗扰度限值是保证设备正常运行的关键技术指标之一。

二、条款释义

GB/T 17618—2015《信息技术设备 抗扰度 限值和测量方法》已经于 2022 年 7 月 1 日废止，由 GB/T 9254.2—2021《信息技术设备、多媒体设备和接收机 电磁兼容 第 2 部分：抗扰度要求》全部替代。GB/T 9254.2—2021 标准适用范围 更宽，涵盖了 GB/T 9383—2008 和 GB/T 17618—2015 的适用范围，并适用于专业用途设备。对应的条款修改为："产品的抗扰度应符合 GB/T 9254.2—2021 的规定。"

抗扰度是指装置、设备或系统面临电磁骚扰不降低运行性能的能力。而抗扰度限值是指信息产品在一定环境条件下能够承受的外部扰动的程度。通常来说，信息产品的抗扰度限值是通过测试和实验来测定的。而产品的抗扰度限值与其所处的环境条件密切相关，比如温度、湿度等环境因素都会对产品的抗扰度限值有影响。因此，在确定信息产品的抗扰度限值时，需要充分考虑所处的环境条件，以便更加全面和准确地评估设备的抗扰度性能。

GB/T 9254.2—2021《信息技术设备、多媒体设备和接收机 电磁兼容 第 2 部分：抗扰度要求》对设备的抗扰度试验包括以下要求：适用试验项目的选择、试验期间施加的骚扰电平、试验配置、性能判据及其他必要细节。GB/T 9254.2—2021《信息技术设备、多媒体设备和接收机 电磁兼容 第 2 部分：抗扰度要求》要求的抗扰度试验应按任意顺序分别进行。与某一具体电磁现象（试验项目）有关的所有试验应使用同一样品，进行不同电磁现象的试验时可使用其他样品。这些用于不同电磁现象试验的其他样品，应与原样品具有相同的型号，在结构、软件、固件等所有可能影响试验结果的因素上保持一致。

第11节 电源适应性

标准条款 **6.11.1 交流电源适应能力**

对于交流供电的产品，应能在220 V ±22 V，50 Hz ±1 Hz的条件下正常工作。

⊙ 条款解读

一、目的和意图

针对交流供电的 HSS 产品，本条款给出交流电压和频率的范围值，并规定交流电源适应能力试验。

二、条款释义

按表4-3 组合对受试样品进行试验，每种组合运行检查程序一遍，如果受试样品工作正常，则通过交流电源适应能力试验。

表4-3　交流电源适应能力试验组合

组合序号	标称值	
	电压/V	频率/Hz
1	220	50
2	198	49
3	198	51
4	242	49
5	242	51

标准条款 **6.11.2 直流电源适应能力**

对于直流供电的产品，应能在直流电压偏离标称值±5%的条件下正常工作。标称值应在产品铭牌或随机说明书中规定。对于电源有特殊要求的产品应在随机说明书中加以说明。

条款解读

一、目的和意图

针对直流供电的 HSS 产品，本条款给出直流电压的范围值，并规定直流电源适应能力试验。

二、条款释义

对直流供电的产品，应能在直流电压偏离标称值 ±5% 的条件下正常工作。这意味着 HSS 产品有良好的电压适应能力，能够在直流电源电压偏离其标称值 ±5% 的范围内依旧保持正常运作。这样可以增加产品的稳定性，确保在实际使用中能适应电力供应可能存在的轻微波动，减少因电压不稳定导致的故障。例如，产品的标称直流工作电压是 24 V，那么在电压波动至 22.8～25.2 V 时，产品都能保证稳定工作，不会出现性能下降或功能异常。

HSS 产品应清晰地将额定工作参数（标称值）标记在产品铭牌上或者产品配套的说明书里，能够让用户和安装、操作人员轻易地了解到该产品设计的正常工作电压范围，确保按照推荐的参数来使用。而对在电源方面有特殊要求的 HSS 产品，比如需要特定的电压输入范围、电流规格、电源管理功能或兼容性等，这些超出一般标准配置的情况，则应当在产品配套的说明书中有特别注释，详细说明这些特殊要求和操作指导。

直流电源适应能力试验如下：从标称值电压向正方向调节直流电源电压，使其偏离标称值 +5%，运行检查程序一遍，受试样品工作应正常；从标称值电压向负方向调节直流电源电压，使其偏离标称值 −5%，运行检查程序一遍，受试样品工作应正常。从标称值电压同时向正负方向调节直流电源电压，使其达到标称值的 95% ～ 105%，运行检查程序一遍，受试样品工作应正常。

6.11.3 电线组件

电线组件应符合 GB/T 15934—2008 的规定。

条款解读

一、目的和意图

本条款规定家用和类似用途设备所用的电线组件的要求。

二、条款释义

电线组件由一根带有一个不可拆线的插头和一个不可拆线的连接器的软缆或软线组成，用于将电器器具或设备与电源连接。

GB/T 15934—2024《电器附件 电线组件和互连电线组件》已于 2024 年 9 月 29 日发布，将于 2025 年 10 月 1 日实施，即将全部替代 GB/T 15934—2008。新标准将电线组件和 Y 型电线组件标准合并。电线组件一般要求：电线组件的设计和构造应保证电线组件在正常使用时性能可靠且对用户及周围环境没有危险。需通过进行规定的所有试验，以检测其是否符合本标准的要求。试验如下。

（1）在每种电线组件的代表性样品上进行型式试验。

（2）使用时，在按本标准制造的每个电线组件上进行例行试验。

电线组件部件要求如下。

（1）电线组件的插头应符合 GB 2099.1—2021 的要求。

（2）电线组件的连接器应符合 GB 17465.1—2022 的要求。

（3）电线组件的电线应符合 GB 5023—2008 或 GB 5013—2008 的要求。

（4）插头、连接器、插头连接器和电线是否符合要求通过相应标准中所规定的试验来检查。一个部件在试验过程中对组件中另一个部件的影响可忽略不计。

（5）绞合导体的末端承受接触压力处，不能用软焊的方法使其固结，除非夹紧连接方式的设计可避免由于焊剂的冷流而产生不良接触的危险。

第12节　　环境适应性

6.12.1　气候环境适应性

产品的气候环境适应性应符合表1的规定。

表1　气候环境适应性

气候条件	参数	
温度 ℃	工作	10～40
	贮存	−20～60
相对湿度	工作	20%～80%
	贮存、运输	20%～93%（40℃）
大气压 kPa		86～106

条款解读

一、目的和意图

本条款提出 HSS 产品在工作、贮存和运输时对其周围环境的温湿度及大气压的要求。

二、条款释义

本条款中气候环境适应性的定义为：在规定的气候环境条件和预定的寿命期间，产品服务于预定目的的适应能力。GB/T 41785—2022《磁光电混合存储系统通用规范》中的表1主要是在工作、贮存、运输3个活动情境下规定了温度、相对湿度、大气压的参数范围，在不低于参数最低值、不高于参数最高值的情况下，设备应能够正常工作、贮存、运输。

标准条款 6.12.2 机械环境适应性

产品的振动适应性、碰撞适应性、运输包装件跌落适应性应分别符合表2、表3和表4的规定。

表2 振动适应性

试验项目	试验内容	具体要求
初始和最后振动响应检查	频率范围 Hz	5～35
	扫频速度 oct/min	≤1
	驱动振幅 mm	0.15
定频耐久试验	驱动振幅 mm	0.15
	持续时间 min	10
扫频耐久试验	频率范围 Hz	5～35～5
	驱动振幅 mm	0.15
	扫频速度 oct/min	≤1
	循环次数	2

注：表中驱动振幅为峰值。

表3 碰撞适应性

峰值加速度 m/s²	脉冲持续时间 ms	碰撞次数	碰撞波形
100	16	1 000	半正弦波

表4 运输包装件跌落适应性

包装件质量m kg	跌落高度 mm
$m \leq 15$	1 000
$15 < m \leq 30$	800
$30 < m \leq 40$	600
$40 < m \leq 45$	500
$45 < m \leq 50$	400
$m > 50$	300

条款解读

一、目的和意图

本条款提出磁光电混合存储系统的机械环境的要求。振动适应性试验是寻找和确定样品的危险频率（样品的共振频率，以及使样品出现功能故障、性能指标超差等的频率），为进一步做好功能试验、耐久试验提供资料；碰撞适应性试验主要适用于在运输过程和使用过程中可能经受到重复碰撞影响的元器件设备和其他产品，其目的是确定元器件、设备及其他产品在使用和运输过程中承受多次重复性机械碰撞的适应性及评定其结构的完好性；运输包装件跌落适应性试验是确定产品在搬运、装卸、运输、存储的过程中抵抗投掷、受压、跌落的能力。

二、条款释义

本条款按照初始和最后振动响应检查、定频耐久试验、扫频耐久试验给出了振动适应性试验内容和具体要求，即在不同条件的振动环境下，设备具有较高的可靠性；从峰值加速度、脉冲持续时间、碰撞次数和碰撞波形 4 个方面测试设备的碰撞适应性，即发生碰撞时，设备仍具有正常工作的能力；以及在不同的包装件质量和跌落高度下测试设备的跌落适应性，确保设备在不同的跌落高度以及冲击强度下仍保持良好性能。

标准条款 **6.12.3 其他环境适应性**

特殊环境条件应在产品说明书中规定。

 条款解读

一、目的和意图

本条款说明产品在特殊环境下的适应性。

二、条款释义

若产品在工作、贮存、运输等方面存在特殊环境条件，应在产品说明书中注明。

第13节 **限用物质的限量**

标准条款 **6.13 限用物质的限量**

产品的限用物质的限量应符合 GB/T 26572—2011 的要求。

条款解读

一、目的和意图

本条款规定 HSS 产品在其常用材料以及零部件所用材料中的限制使用物质及其含量限额，以确保 HSS 产品的环保属性。

二、条款释义

目前，许多电子电气产品由于功能的需要和生产技术的局限，仍含有大量铅、汞、镉、六价铬、多溴联苯和多溴二苯醚等限用物质。这些含限用物质的电子电气产品在废弃之后，如处置不当，不仅会对环境造成污染，也会造成资源的浪费。因此，GB/T 26572—2011《电子电气产品中限用物质的限量要求》规定了电子电气产品中限用物质的最大允许含量及其符合性判定规则，适用于电子电气产品中铅（Pb）、汞（Hg）、镉（Cd）、六价铬［Cr(Ⅵ)］、多溴联苯（PBB）和多溴二苯醚（PBDE）等限用物质的控制。

本条款参照 GB/T 26572—2011《电子电气产品中限用物质的限量要求》，要求产品在常用材料以及零部件所用材料经 X 射线荧光光谱分析技术检测后所含限用物质的种类和最大允许含量，包含铅、汞、六价铬、多溴联苯和多溴二苯醚的含量不得超过 0.1%（质量分数），镉的含量不得超过 0.01%（质量分数）。

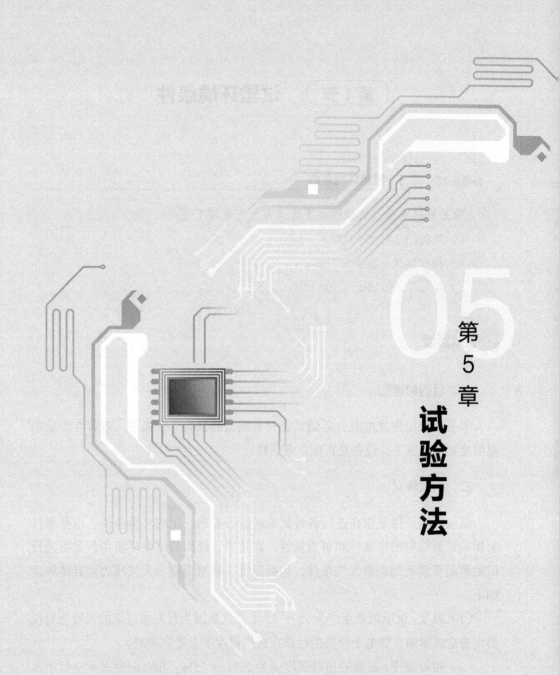

第 5 章

试验方法

第1节 **试验环境条件**

标准条款 **7.1 试验环境条件**

除另有规定外，试验均在下述正常大气条件下进行：

a）温度：15 ℃～ 35 ℃；

b）相对湿度：25%～ 75%；

c）大气压：86 kPa～ 106 kPa。

条款解读

一、目的和意图

本条款规定磁光电混合存储系统开展测试的试验环境条件，观察在给定的温湿度和大气压下，设备是否能正常运转。

二、条款释义

试验环境条件是指在进行各种试验时所需要的一定的环境条件，这些条件会影响试验结果的准确性和可重复性。在这里，提到的试验环境条件是指进行试验所需要满足的正常大气条件，包括温度、相对湿度和大气压力。具体解读如下。

（1）温度：试验的温度应为 15～ 35 ℃，这是因为过高或过低的温度会对仪器设备造成影响，如电子设备的性能在极端温度下会受到限制。

（2）相对湿度：试验的相对湿度应为 25%～ 75%。相对湿度表示空气中水蒸气的含量。对某些试验来说，过高或过低的相对湿度可能导致实验结果偏离真实情况，过于干燥的环境可能引起静电问题，湿度过高可能会影响电气设备的绝缘性能或材料的吸湿性。

（3）大气压：试验的大气压力应为 86 ～ 106 kPa。大气压力随海拔高度而变化，而大气压力的变化也会对实验产生影响。过高或过低的大气压可能会影响产品的散热，或导致某些电子器件性能的变化，从而影响试验结果的准确性。

试验环境条件的确定需要考虑试验仪器设备的性能特点等因素，以确保试验结果的准确性和可重复性。

三、示例说明

开展温度和相对湿度试验的恒温恒湿试验箱如图 5-1 所示。

图5-1 恒温恒湿试验箱

第2节 外观及安全防护

标准条款 **7.2.1 外观**

用目测法对产品表面状况进行检查。

条款解读

一、目的和意图

本条款给出磁光电混合存储系统按照条款 6.1.1 的要求进行检测的方法。

二、条款释义

产品外观检查通常是通过目测法进行的，这种方法可以评估产品的表面状况，如表面缺陷、色彩、质感、光泽等。在使用目测法检查产品外观时，需要仔细观察或者使用放大镜等设备，对产品进行仔细检查。通过对比样品或者制定的标准，可以确定产品表面是否符合要求。

标准条款 **7.2.2 安全防护**

检查产品是否有具体的安全防护措施。

条款解读

一、目的和意图

本条款给出磁光电混合存储系统按照条款 6.1.2 的要求进行检查的内容。

二、条款释义

通过以下步骤检查产品是否有具体的安全防护措施。

其一，阅读产品说明书或用户手册。产品说明书或用户手册通常会详细描述产品的安全特性和防护措施。检查这些文档，查找与安全有关的章节或部分。

其二，检查产品本身。检查产品本身是否带有任何安全特性或防护措施。例如，某些产品可能带有安全锁或保护罩，以防止误用或意外操作。为了确保产品的安全性，应该尽可能了解其安全特性和防护措施，并在使用时遵循相关的使用说明和安全建议。

第3节 功能

7.3.1 数据写入

数据写入的试验方法如下：

a）通过被试验产品所支持的标准存储协议，将试验数据直接写入第一级存储，检查被写入数据的前后一致性，验证数据写入是否成功；

b）通过被试验产品以文件存储方式将试验数据直接写入第二级存储，检查被写入数据的前后一致性，验证数据写入是否成功；

c）将试验数据通过第一级存储写入第二级存储，检查被写入数据的前后一致性，验证数据写入是否成功。

条款解读

一、目的和意图

本条款给出磁光电混合存储系统按照条款6.2.1的要求进行数据写入功能检查的方法。

二、条款释义

本条款描述了数据写入的3个试验方法，用于验证数据写入的成功性。针对不同的标准存储协议写入方式，需要进行相应的功能测试。例如，对文件存储，可以测试文件上传、下载等操作。具体解读如下。

第一种试验方法是将试验数据通过被试验产品所支持的标准存储协议（如块、文件、对象等的存储协议），直接写入第一级存储中。然后，检查被写入的数据的前后一致性，以验证数据写入是否成功。

第二种试验方法是将试验数据以文件存储方式，通过被试验产品直接写入第二级存储中。然后，检查被写入数据的前后一致性，以验证数据写入是否成功。

第三种试验方法是将试验数据先通过第一级存储写入，被试验产品支持将数据从较高存储层级的磁盘、固态盘迁移到较低存储层级的光盘中。然后，检查被写入数据的前后一致性，以验证数据写入是否成功。

这三种试验方法旨在测试数据写入的成功性，并确保被试验产品可以正确地处理存储器中的数据。通过对数据写入的验证，可以确定被试验产品的存储器是否正常工作，以及能否正确地存储和处理数据。

标准条款 7.3.2 数据读取

数据读取的试验方法如下：

a）通过被试验产品所支持的标准存储协议，将试验数据直接写入第一级存储，再直接从第一级存储中读取被写入的试验数据，检查被写入数据的前后一致性，验证数据读取是否成功；

b）通过被试验产品以文件存储方式将试验数据直接写入第二级存储，再直接从第二级存储中读取被写入的试验数据，检查被写入数据的前后一致性，验证数据读取是否成功；

c）将试验数据通过第一级存储写入第二级存储，再通过第一级存储从第二级存储中读取被写入的试验数据，检查被写入数据的前后一致性，验证数据读取是否成功。

条款解读

一、目的和意图

本条款给出磁光电混合存储系统按照条款 6.2.2 的要求进行数据读取功能检查的方法。

二、条款释义

本条款描述了数据读取的 3 种试验方法，用于验证数据读取的准确性和稳定性。这 3 种试验方法可以测试数据查询、过滤、排序等功能，验证被试验产品能否准确地从存储器中获取所需数据。具体解读如下。

（1）第一种试验方法是将试验数据通过被试验产品所支持的标准存储协议，直接写入第一级存储中，如图5-2（a）所示。然后直接从第一级存储中读取被写入的试验数据，并检查被写入数据的前后一致性，以验证数据读取是否成功。

（2）第二种试验方法是将试验数据以文件存储方式，通过被试验产品直接写入第二级存储中，如图5-2（b）所示。然后直接从第二级存储中读取被写入的试验数据，并检查被写入数据的前后一致性，以验证数据读取是否成功。

（3）第三种试验方法是将试验数据先通过第一级存储写入，然后写入第二级存储，如图5-2（c）所示。接着通过第一级存储从第二级存储中读取被写入的试验数据，并检查被写入数据的前后一致性，以验证数据读取是否成功。

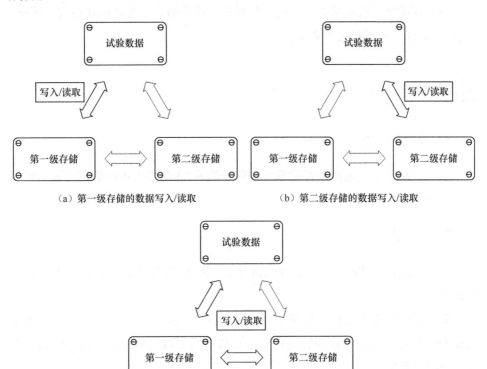

图5-2　数据读取的3种试验方法

这 3 种试验方法旨在测试数据读取的成功性，并确保被试验产品可以正确地读取存储器中的数据。此外，对大数据量或者频繁读取的场景，需要进行性能和压力测试。通过模拟不同负载下的读取操作，测试应用在不同负载下的读取速度和稳定性。可以使用性能测试工具或编写压力测试脚本来模拟不同负载条件。

标准条款 7.3.3 数据迁移

数据迁移的试验方法如下：

a）修改数据迁移策略参数，验证修改是否成功；

b）将试验数据从第一级存储迁移到第二级存储，检查数据迁移前后的一致性，验证数据迁移是否成功；

c）将试验数据从第二级存储迁移到第一级存储，检查数据迁移前后的一致性，验证数据迁移是否成功。

◉ 条款解读

一、目的和意图

本条款给出磁光电混合存储系统按照条款 6.2.3 的要求进行数据迁移功能检查的方法。

二、条款释义

本条款描述了数据迁移的 3 种试验方法，用于测试数据迁移的成功性。具体解读如下。

第一种试验方法是修改数据迁移策略参数，并验证修改是否成功，从而确保被试验产品可以正确地接受和处理数据迁移策略参数的修改，并且能够相应地执行数据迁移操作。

第二种试验方法是将试验数据从第一级存储迁移到第二级存储，如图 5-3（a）所示。在数据迁移之后，需要检查被迁移数据的前后一致性，以验证数据迁移是否成功。如果被试验产品能够正确地将数据从一个存储器迁移到另一个存储器，并且确保迁移后的数据与原始数据一致，那么数据迁移操作就是成功的。

第三种试验方法是将试验数据从第二级存储迁移到第一级存储，如图5-3（b）所示。同样，在数据迁移之后，需要检查被迁移数据的前后一致性，以验证数据迁移是否成功。如果被试验产品能够正确地将数据从一个存储器迁移到另一个存储器，并且确保迁移后的数据与原始数据一致，那么数据迁移操作就是成功的。

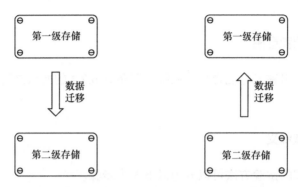

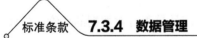（a）从第一级存储迁移到第二级存储　　（b）从第二级存储迁移到第一级存储

图5-3　数据迁移方法

这3种试验方法旨在测试数据迁移的成功性，确保被试验产品可以正确地迁移存储器中的数据。通过数据迁移性能测试（包括数据迁移准确性测试、数据迁移速度测试、并发性能测试和资源利用率测试），可以确定被试验产品的存储器是否正常工作，并且能够正确地移动数据。

标准条款　7.3.4　数据管理

数据管理的试验方法如下：

a）通过全局数据可视化界面执行数据查看、修改、删除（针对第一级存储）、复制、备份（针对第一级存储和第二级存储之间）和迁移等操作，检查操作是否成功，验证全局数据可视化管理是否成功；

b）配置产品的批量数据自动写入、迁移和恢复等数据管理任务，确认任务执行情况；

c）配置数据冗余级别，验证是否能配置数据自定义冗余级别；

d）检查产品是否有对数据的检索、统计与分析功能，验证其功能是否可用；检查产品是否有对数据的存储、读写、检测、备份（针对第一级存储和第二级存储之间）和迁移情况的分时段统计功能，并记录结果；

e）修改产品的原有存储数据，确认原始数据和新数据的版本，并记录结果。

● 条款解读

一、目的和意图

本条款给出磁光电混合存储系统按照条款 6.2.4 的要求进行数据管理功能检查的方法。

二、条款释义

数据管理的试验方法可以分为以下 5 个步骤。

（1）全局数据可视化界面操作试验：通过全局数据可视化界面执行数据查看、修改、删除（针对第一级存储）、复制、备份（针对第一级存储和第二级存储之间）和迁移等操作，检查操作是否成功，验证全局数据可视化管理是否成功。

（2）批量数据自动写入、迁移和恢复等数据管理任务配置试验：配置产品的批量数据自动写入、迁移和恢复等数据管理任务，确认任务执行情况。

（3）数据冗余级别配置试验：配置数据冗余级别，验证是否能配置数据自定义冗余级别。

（4）数据检索、统计与分析功能试验：检查产品是否有对数据的检索、统计与分析功能，验证其功能是否可用；检查产品是否有对数据的存储、读写、检测、备份（针对第一级存储和第二级存储之间）和迁移情况的分时段统计功能，并记录结果。

（5）存储数据修改试验：修改产品的原有存储数据，确认原始数据和新数据的版本，并记录结果。

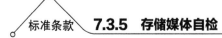

针对产品进行存储媒体自检试验：

a）根据产品的特性，随机选择合适的阈值，并利用该值配置存储媒体检测预警阈值，验证该配置是否有效；

　　b）设置第二级存储媒体批量检测任务，并检查该设置是否有效：检查设置参数是否包括光盘抽检比例、抽取方式（明确具体的方式）、检测任务执行时段和检测周期等，记录并报告支持的参数；

　　c）验证产品是否具有对第二级存储媒体 RSER 自检的功能；验证其是否同时支持检测 BE Sum 和 UE，记录并报告结果；

　　d）确认对超过检测预警阈值的存储媒体进行自动告警；

　　e）确认产品是否记录全部检测任务内容和检测结果。

◎ 条款解读

一、目的和意图

　　为了评估磁光电混合存储系统的存储性能、优化存储方案、提升用户体验，本条款给出磁光电混合存储系统按照条款 6.2.5 的要求进行存储媒体自检功能检查的内容和方法。

二、条款释义

　　本试验旨在验证产品的存储媒体自检功能是否有效和可靠，具体解读如下。

　　（1）通过选择合适的阈值并配置存储媒体检测预警阈值，验证该配置是否有效。这里的阈值是指存储媒体的某个特定参数或属性的值，例如为保证光盘的数据安全，设立的三级预警线 [一级预警线，CD-R 光盘的误块率（block error rate，BLER）=120 frame/s，DVD-R、DVD+R 光盘的内部奇偶校验错误（parity inner errors，PIE）=140；二级预警线，CD-R 光盘的 BLER=160 frame/s，DVD-R、DVD+R 光盘的 PIE=180；三级预警线，CD-R 光盘的 BLER=200 frame/s，DVD-R、DVD+R 光盘的 PIE=240]。通过设置阈值并在存储媒体达到或超过该阈值时进行预警，可以帮助管理员及时发现存储媒体的问题，从而及时采取措施防止数据丢失或硬件故障。因此，验证该配置是否有效至关重要。

　　（2）设置第二级存储媒体批量检测任务，并检查该设置是否有效。这里的第二级存储媒体是指用于数据长期存储的装置 / 系统，如备份磁带、光盘等。设置检测任务可以帮助管理员及时发现存储媒体的问题，从而及时采取措施。检查设置参数是否包括光盘抽检比例、抽取方式（如随机或按序列号等方式）、检测任务执行时段和检测周期等，记录并报告支持的参数。

（3）验证产品是否具有对第二级存储媒体 RSER 自检的功能；验证其是否同时支持检测 BE Sum 和 UE。RSER 自检是一种对存储媒体进行检测和纠错的技术，可以帮助管理员及时发现存储媒体的问题并纠正错误。因此，验证产品是否支持 RSER 自检功能并同时检测 BE Sum 和 UE 等重要参数，对保障数据的完整性和可靠性非常重要。

（4）确认对超过检测预警阈值的存储媒体进行自动告警。当存储媒体达到或超过预警阈值时，自动告警可以帮助管理员及时发现问题，从而及时采取措施。

（5）确认产品是否记录全部检测任务内容和检测结果。记录检测任务内容和结果可以帮助管理员跟踪和管理存储媒体的状态，及时发现和解决问题。

第4节　性能

标准条款　7.4.1　IOPS/OPS

IOPS/OPS 的试验方法如下：

a）检查产品铭牌或产品说明书中对只读和只写 IOPS/OPS 的标称值；

b）准备足够数量的测试客户端，搭建产品所支持的存储协议的网络，并按产品说明书的存储配置对被测试产品进行部署；

c）根据产品所支持的存储协议选择测试工具，并在测试客户端进行部署和调试；

d）根据产品所支持的存储协议选择并准备好测试数据，测试数据的大小应大于产品缓存容量的两倍；

e）设置能测试 IOPS/OPS 峰值的最优负载参数（如块存储选择 0.5 KiB 的数据块，文件存储选择 1 KiB 的小文件等）和配置好测试参数；

f）分别对产品进行只读和只写测试，测试前应进行适当时长的预热测试，预热测试后的测试时长为 10 min，分别取得 10 min 稳定测试时间内只读和只写测试的平均值；

g）上述测试结果分别与产品铭牌或产品说明书中对应的标称值进行比较。

条款解读

一、目的和意图

本条款给出磁光电混合存储系统按照条款 6.3.1 的要求进行数据读写性能检查的内容和方法。

二、条款释义

IOPS/OPS 是衡量存储设备性能的重要指标之一，下面是对本试验的详细解读。

（1）检查产品铭牌或产品说明书中对只读和只写 IOPS/OPS 的标称值，这是测试的基准值。

（2）为了进行测试，需要准备足够数量的测试客户端并搭建产品所支持的存储协议的网络。被测试产品也需要按照产品说明书的存储配置进行部署。这是为了确保测试环境满足测试要求。

（3）根据产品所支持的存储协议选择测试工具，并在测试客户端进行部署和调试。测试工具应当可以支持测试所需的负载类型，并且能够输出测试结果，以便后续进行数据分析。

（4）根据产品所支持的存储协议选择并准备好测试数据。设置的测试文件的大小一定要大于产品缓存容量（最佳为两倍以上），不然操作系统会让读写的内容进行缓存，导致数值非常不准确。

（5）设置能测试 IOPS/OPS 峰值的最优负载参数，并配置好测试参数。负载参数应该能够产生适量的读写请求，以便测试设备在繁忙状态下进行测试。

（6）分别对产品进行只读和只写测试。测试前应进行适当时长的预热测试，以确保测试设备已经达到最优状态。预热测试后的测试时长为 10 min，分别取得 10 min 稳定测试时间内只读和只写测试的平均值。

（7）将测试结果与产品铭牌或产品说明书中对应的标称值进行比较，以评估设备的性能表现是否符合要求。如果测试结果低于标称值，则可能需要对设备进行故障排除和性能调优。

实际测量中，IOPS/OPS 数值会受到很多因素的影响，包括 I/O 负载特征（如顺序和随机、工作线程数、队列深度、数据记录大小等）、系统配置、操作系统、磁盘驱动等。因此，对比测量磁盘 IOPS/OPS 时，必须在同样的测试基准下进行，即便如此，也会产生一定的随机不确定性。

标准条款　**7.4.2　数据传输率**

数据传输率的试验方法如下：

a）检查产品铭牌或产品说明书中对只读和只写数据传输率的标称值；

b）准备足够数量的测试客户端，搭建产品所支持的存储协议的网络，并按产品说明书的存储配置对被测试产品进行部署；

c）根据产品所支持的存储协议选择测试工具，并在测试客户端进行部署和调试；

d）根据产品所支持的存储协议选择并准备好测试数据，测试数据的大小应大于产品缓存容量的两倍；

e）设置能测试数据传输率峰值的最优负载参数（如块存储选择 1 MiB 以上的数据块，文件存储选择 1 GiB 以上的大文件等）和配置好测试参数；

f）分别对产品进行只读和只写测试，测试前应进行适当时长的预热测试，预热测试后的测试时长为 10 min，分别取得 10 min 稳定测试时间内只读和只写测试的平均值；

g）上述测试结果分别与产品铭牌或产品说明书中对应的标称值进行比较。

条款解读

一、目的和意图

本条款给出磁光电混合存储系统按照条款 6.3.2 的要求进行数据传输率性能

检查的内容和方法。

二、条款释义

数据传输率是指数据在存储设备和其他设备之间传输的速率，它与存储设备的转速、接口类型、系统总线类型有很大关系。数据传输率以每秒可传输多少兆字节来衡量（MB/s）。IDE接口目前最高的数据传输率是 133 MB/s，SATA 接口的数据传输率已经达到了 600 MB/s。以下是数据传输率试验方法的详细解读。

（1）检查产品铭牌或产品说明书中对只读和只写数据传输率的标称值。

（2）准备足够数量的测试客户端，搭建产品所支持的存储协议的网络，并按照产品说明书的存储配置对被测试产品进行部署。

（3）根据产品所支持的存储协议选择测试工具，并在测试客户端进行部署和调试。

（4）根据产品所支持的存储协议选择并准备好测试数据。测试数据的大小应大于产品缓存容量的两倍。

（5）设置能测试数据传输率峰值的最优负载参数。对于块存储，应选择 1 MiB 以上的数据块；对于文件存储，应选择 1 GiB 以上的大文件。然后配置好测试参数。

（6）对产品进行只读和只写测试。在测试前应进行适当时长的预热测试，预热测试后的测试时长为 10 min，分别取得 10 min 稳定测试时间内只读和只写测试的平均值。

（7）上述测试结果分别与产品铭牌或产品说明书中对应的标称值进行比较。如果测试结果和标称值相差较大，应对测试环境和测试方法进行重新评估，以确定是否需要重新测试。

第5节　存储容量

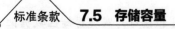 **7.5　存储容量**

检查产品铭牌或产品说明书中的标称容量，并通过测试工具测试或/和

人工检查的方式测试产品的可用容量。

条款解读

一、目的和意图

本条款给出磁光电混合存储系统按照条款6.4的要求进行存储容量检查的内容和方法。

二、条款释义

本条款主要是为了验证产品的容量是否与产品铭牌或产品说明书中的标称容量一致，并且验证产品的可用容量是否符合预期。具体的试验方法如下。

（1）检查产品铭牌或产品说明书中的标称容量。一般来说，产品的标称容量会在产品铭牌或产品说明书中明确标注。

（2）选择合适的测试工具进行测试，例如可以使用格式化工具对存储设备进行格式化，然后查看格式化后的可用空间。

（3）可以使用人工检查的方式，通过连接存储设备并查看存储设备中的文件和目录，以及对存储设备进行读写操作等来验证产品的可用容量。

需要注意的是，不同的存储设备可能会存在一些预留空间（例如闪存设备中的坏块管理区域、磁盘中的备用扇区等），这些预留空间可能会影响到实际的可用容量。在测试过程中需要注意排除这些因素的影响。

第6节　兼容性

标准条款　7.6.1　数据兼容性

数据兼容性试验方法如下：

a）按照产品提供的存储数据迁移环境、工具和接口，实现存储区数据批量导出并可查看；

b）产品中的光盘，脱机后可在第三方设备或系统中的光驱内正常读取其中的数据；

　　c）检查是否提供产品第二级存储媒体在第三方系统中批量读取的方案，验证方案是否正确，并记录和报告结果。

⊙ 条款解读

一、目的和意图

　　本条款给出磁光电混合存储系统按照条款6.5.1的要求进行数据兼容性检查的内容和方法。

二、条款释义

　　数据兼容性试验用于测试存储产品与其他系统或设备之间数据交互的能力，其主要目的是验证存储产品是否能够与其他系统或设备无缝集成，以实现数据共享、数据备份、数据恢复等功能。具体的试验方法如下。

　　（1）按照产品提供的存储数据迁移环境、工具和接口，实现存储区数据批量导出并可查看——该步骤的目的是测试存储产品在数据导出方面的兼容性。在测试中，需要按照产品提供的迁移环境、工具和接口，将存储区的数据批量导出，并验证导出的数据是否与存储区数据一致。测试时应记录导出数据的正确性和完整性。

　　（2）对于产品中的光盘，脱机后可在第三方设备或系统中的光驱内正常读取其中的数据——该步骤的目的是测试存储产品在数据迁移方面的兼容性。在测试中，需要使用存储产品中的光盘，在将光盘脱机后，将其插入第三方设备或系统中的光驱，验证其中的数据是否能够正常读取。测试时应记录读取数据的正确性和完整性。

　　（3）检查是否提供产品第二级存储媒体在第三方系统中批量读取的方案，验证方案是否正确，并记录和报告结果——该步骤的目的是测试存储产品与第三方系统或设备之间的数据兼容性。在测试中，需要检查存储产品是否提供了第二级存储媒体在第三方系统中批量读取的方案，并验证方案是否正确。测试时应记录验证的正确性和完整性，并向相关人员汇报测试结果。

《磁光电混合存储系统通用规范》解读

标准条款 **7.6.2 硬件兼容性**

硬件兼容性试验方法如下：

a）检查并确认第一级存储和第二级存储向后兼容的功能；

b）准备至少两种品牌、容量、型号的第一级存储媒体和第二级存储媒体（第二级存储媒体应包括至少 10 年以内的产品，具体产品依据试验需求选定）。

条款解读

一、目的和意图

本条款给出磁光电混合存储系统按照条款 6.5.2 的要求进行硬件兼容性检查的内容和方法。

二、条款释义

硬件兼容性试验主要是为了验证产品是否能够与不同品牌、型号、容量的硬件设备进行兼容，以确保产品的灵活性和可扩展性。具体的试验方法如下。

（1）检查并确认产品是否具有向后兼容的功能，即是否能够兼容旧版本的硬件设备。

（2）准备至少两种品牌、容量、型号的第一级存储媒体和第二级存储媒体，建立与被测试产品的连接，测试数据传输是否正常，并记录和报告测试结果。

（3）通过对被测试产品的固件或软件进行升级或更改，检验产品是否能够与新版本的硬件设备进行兼容；除了功能的兼容性，还需要验证新系统在处理迁移过来的数据时的性能和稳定性，确保没有性能瓶颈或稳定性问题。

（4）对兼容性测试的结果进行分析，并提出改进措施。

标准条款 **7.6.3 软件兼容性**

软件兼容性试验方法如下：

a）准备至少两种不同品牌和型号的核心部件（如中央处理器、内存、主板、驱动器等），用相应的核心部件替换原有核心部件后，系统主要功能正常；

b）准备至少两种不同品牌的操作系统和数据库，将相应的操作系统和/或数据库替换原有操作系统和/或数据库后，系统主要功能正常。

条款解读

一、目的和意图

本条款给出磁光电混合存储系统按照条款 6.5.3 的要求进行软件兼容性检查的内容和方法。

二、条款释义

软件兼容性试验的目的是测试系统在使用不同品牌或型号的软件组件时，是否能够正常运行。具体的试验方法如下。

（1）准备至少两种不同品牌和型号的核心部件，例如中央处理器、内存、主板、驱动器等。然后，用相应的核心部件替换原有核心部件后，测试系统的主要功能是否正常。

（2）准备至少两种不同品牌的操作系统（如 Windows 和 Linux）和数据库（如 MySQL、人大金仓）。将相应的操作系统和/或数据库替换原有操作系统和/或数据库后，测试系统的主要功能是否正常。

需要注意的是，由于软件兼容性测试需要替换核心部件、操作系统和数据库等关键组件，因此，测试过程中可能会对系统产生不良影响。因此，在进行测试前，应该备份系统，以免测试过程中发生数据丢失或系统崩溃等问题。另外，为了确保测试结果准确可靠，测试人员还需要进行充分的测试计划制订、测试场景模拟和测试结果分析等工作。

第7节 安全

标准条款 **7.7.1 设备安全**

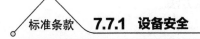

按 GB 4943.1—2011 中有关规定进行。

◉ 条款解读

一、目的和意图

本条款给出磁光电混合存储系统按照条款 6.6.1 的要求进行设备安全检查的内容和方法。

二、条款释义

GB 4943.1—2011《信息技术设备　安全　第 1 部分：通用要求》已经于 2023 年 8 月 1 日废止，由 GB 4943.1—2022《音视频、信息技术和通信技术设备　第 1 部分：安全要求》全部替代，该标准规定了信息技术和通信技术设备的安全要求和试验方法。设备安全主要涉及以下几个方面。

（1）电气安全：设备应符合国家有关电气安全的标准和规定，如防触电、防雷击、接地等。

（2）防火安全：设备应符合防火要求，能够预防电气故障和其他原因引发火灾。

（3）机械安全：设备应符合机械安全要求，防止因机械故障导致的人身伤害和财产损失。

（4）辐射安全：设备应符合国家有关辐射（如电磁辐射、X 射线等）安全的标准和规定。

（5）化学安全：设备应符合有关化学安全的标准和规定，如符合《关于限制在电子电气设备中使用某些有害成分的指令》（Restriction of Hazardous Substances，RoHS）等。

（6）人体工程学安全：设备应符合人体工程学要求，能够保护使用者的身体健康。

此外，设备的安全还包括数据安全和网络安全等方面，如防止恶意软件入侵、防止黑客攻击等。在实际的设备安全测试中，通常会根据设备的具体特点和应用场景制订相应的测试计划，采用相应的测试方法。

标准条款 **7.7.2.1 系统安全**

系统安全试验方法如下：

a）以不同用户账户进行登录管理，检查是否可以访问设备；

b）人为进行异常操作，检查系统能否监控相应的异常访问；

c）人为注入异常或设置软、硬件故障，检查运行界面是否发出警告，是否具有完备的说明和修复手段提示；

d）检测产品是否仅允许权限管理配置范围的操作，检查系统日志记录情况。

条款解读

一、目的和意图

本条款给出磁光电混合存储系统按照条款 6.6.2.1 的要求进行系统安全检查的内容和方法。

二、条款释义

具体的系统安全试验方法如下。

（1）用不同用户账户进行登录管理，检查是否可以访问设备。在试验过程中，可以模拟不同用户账户登录设备，检查系统是否正常响应，同时检查不同用户账户是否具有不同的权限，是否可以访问对应的功能模块。

（2）人为进行异常操作，检查系统能否监控相应的异常访问。在试验过程中，可以故意进行一些不规范、不合理的操作，比如输入错误的密码、非法字符等，检查系统是否能够监控到这些异常访问，并及时给出相应的提示和警告信息。

（3）人为注入异常或设置软、硬件故障，检查运行界面是否发出警告，是否具有完备的说明和修复手段提示。在试验过程中，可以通过人为注入异常或设置软、硬件故障的方式，检查设备的运行界面是否能够及时发出警告信息，同时是否能够给出完备的说明和修复手段提示，帮助用户及时排除故障。

（4）检测产品是否仅允许权限管理配置范围的操作，检查系统日志记录情况。在试验过程中，可以检查设备是否仅允许处于权限管理配置范围内的操作，防止用户进行非法操作。同时还可以检查系统日志记录情况，看其是否能够完整记录所有的操作，以便后续的审计和追踪。

三、示例说明

系统安全测试操作如下。

（1）用户权限隔离测试，如表5-1所示。

表5-1　用户权限隔离测试

用例名称	用户权限隔离测试
测试目的	1. 以不同用户账户进行登录管理，检查是否可以访问设备。 2. 检测产品是否仅允许权限管理配置范围的操作，检查系统日志记录情况
预置条件	已使用管理员账号登录管理系统，创建用户A和用户B
测试步骤	1. 使用管理员账号登录管理系统，划分两个用户访问不同功能模块的权限。 2. 使用用户A的账号登录管理系统，查看用户A访问到的功能模块与初始配置的权限是否一致。 3. 使用用户B的账号登录管理系统，查看用户B访问到的功能模块与初始配置的权限是否一致
预期结果	1. 成功划分两个用户访问不同功能模块的权限。 2. 用户A登录成功，用户A访问到的功能模块与初始配置的权限一致，对可访问功能进行操作，查看系统日志中是否正确记录操作信息。 3. 用户B登录成功，用户B访问到的功能模块与初始配置的权限一致，对可访问功能进行操作，查看系统日志中是否正确记录操作信息
实测结果	—

（2）用户异常登录操作测试，如表5-2所示。

表5-2　用户异常登录操作测试

用例名称	用户异常登录操作测试
测试目的	人为进行异常操作，检查系统能否监控相应的异常访问
预置条件	已使用管理员账号登录管理系统，创建用户A和用户B

续表

用例名称	用户异常登录操作测试
测试步骤	1. 在管理系统的登录入口，直接单击"登录"按钮，查看是否能成功登录，页面是否有对应的报错提示。 2. 在管理系统的登录入口，输入用户A的用户名，输入错误的密码（包括全空格、超长字符、错误字符等），查看是否能成功登录，页面是否有对应的报错提示。 3. 在管理系统的登录入口，输入已删除的用户名，输入对应的密码，查看是否能成功登录，页面是否有对应的报错提示。 4. 在管理系统的登录入口，输入不存在的用户名，输入密码，查看是否能成功登录，页面是否有对应的报错提示。 5. 在管理系统的登录入口，输入用户A的用户名，输入用户B的密码，查看是否能成功登录，页面是否有对应的报错提示。 6. 在管理系统的登录入口，输入用户A的用户名，输入用户A的密码，查看是否能成功登录
预期结果	1. 登录失败，页面弹出对应的报错提示。 2. 登录失败，页面弹出对应的报错提示。 3. 登录失败，页面弹出对应的报错提示。 4. 登录失败，页面弹出对应的报错提示。 5. 登录失败，页面弹出对应的报错提示。 6. 登录成功，进入管理系统
实测结果	—

（3）故障注入告警测试，如表5-3所示。

表5-3 故障注入告警测试

用例名称	故障注入告警测试
测试目的	人为注入异常或设置软、硬件故障，检查运行界面是否发出警告，是否具有完备的说明和修复手段提示
预置条件	1. 存储系统运行正常，已将存储空间映射至客户端。 2. 在客户端使用性能测试工具持续下发数据流量至存储空间。 3. 每次进行故障测试后，须恢复为正常环境，再进行后续步骤操作
测试步骤	1. 断开客户端与存储空间之间的业务链路，查看存储系统是否能正确告警，系统日志中应包括断开时间、端口、位置等信息，具有链路的恢复操作提示。 2. 拔出组成存储空间中的硬盘，查看存储系统是否能正确告警，系统日志中应包括拔出时间、硬盘位置等信息，具有硬盘的恢复操作提示。 3. 如存储系统为多节点配置，则断开存储系统最多可接收的节点数量配置，查看存储系统是否能正确告警，系统日志中应包括断开的时间、节点信息等，具有节点的恢复操作提示

用例名称	故障注入告警测试
预期结果	1. 存储系统正确告警，包括断开时间、端口、位置等信息，可根据恢复操作提示成功恢复环境，存储系统显示正常。 2. 存储系统正确告警，包括拔出时间、硬盘位置等信息，可根据恢复操作提示成功恢复环境，存储系统显示正常。 3. 存储系统正确告警，包括断开的时间、节点信息等，可根据恢复操作提示成功恢复环境，存储系统显示正常
实测结果	—

标准条款 **7.7.2.2　数据安全**

数据安全试验方法如下：

a）人为进行误操作，检查自保护能力；

b）执行可能改变存储数据的操作，观察系统的警告确认提示；

c）支持根据业务需求提供数据安全增强服务，为此进行以下测试：

　1）使用用户身份鉴别测试方法，测试产品是否能防止假冒人员登录；

　2）对关键或敏感数据进行加密写入和解密读出测试，验证安全功能是否实现；

　3）测试产品是否支持外接（或内置）密码设备或模块，记录和报告测试结果；

　4）提供产品所采用的密码设备及算法符合国家有关规定的证明材料，核验系统密码功能通过密码测评机构的相关检测的证明材料。

注：人为误操作是指人在正常操作过程中因各种原因产生的错误操作，如误删除数据、配置了错误的参数等，因此，人为进行这些误操作是检查被测系统是否有容错功能，是否有自我保护能力，衡量的目的是被测系统是否健壮。

条款解读

一、目的和意图

本条款给出磁光电混合存储系统按照条款 6.6.2.2 的要求进行数据安全检查

的内容和方法。

二、条款释义

本条款是阐述数据安全的试验方法，详细解读如下。

（1）人为进行误操作，检查自保护能力。这一测试方法旨在检查系统在用户误操作时的应对能力，系统应该能够限制用户的误操作，以避免的意外修改或删除数据。

（2）执行可能改变存储数据的操作，观察系统的警告确认提示。这一测试方法旨在检查系统在执行可能改变存储数据的操作时的应对能力，系统应该对这些操作给予警告并要求用户进行确认，以避免意外修改或删除数据。

（3）支持根据业务需求提供数据安全增强服务。为此进行以下测试。

① 使用用户身份鉴别测试方法，测试产品是否能防止假冒人员登录。这一测试方法旨在验证系统能否进行用户身份鉴别，以防止非法用户登录系统。系统应该支持多种身份验证方式，并能有效地识别非法登录行为。

② 对关键或敏感数据进行加密写入和解密读出测试，验证安全功能是否实现。这一测试方法旨在验证系统的数据加密和解密功能，以保护关键或敏感数据的安全。系统应该支持多种加密算法和密钥管理方式，并能够实现数据的安全传输和存储。

③ 测试产品是否支持外接（或内置）密码设备或模块，记录和报告测试结果。这一测试方法旨在验证系统是否支持外接（或内置）密码设备或模块，并能够有效地管理和使用这些设备。系统应该支持多种密码设备和模块，例如智能卡、USB 密钥等，并能够安全地存储和管理密码信息。

④ 提供产品所采用的密码设备及算法符合国家有关规定的证明材料，核验系统密码功能通过密码测评机构的相关检测的证明材料。这一测试方法旨在验证系统所采用的密码设备和算法是否符合国家相关规定，并能够通过密码测评机构的相关检测。系统应该提供符合国家规定的证明材料，并能够满足密码测评机构的相关要求。

三、示例说明

数据安全测试操作如下。

（1）关键操作保护测试，如表 5-4 所示。

表5-4 关键操作保护测试

用例名称	关键操作保护测试
测试目的	1.人为进行误操作，验证系统的自保护能力。 2.执行可能改变存储数据的操作，观察系统的警告确认提示
预置条件	系统运行正常
测试步骤	1.通过管理员账号登录管理系统，进行系统配置、用户管理、权限管理、日志管理等操作，查看是否具备提醒、二次验证和误操作恢复功能。 2.通过普通用户账号登录管理系统，进行系统开关机、存储空间管理（创建、修改、删除）、映射管理（映射创建、修改、删除）、日志管理（删除）、系统升级等操作，查看是否具备提醒、二次验证和误操作恢复功能
预期结果	管理员和普通用户进行关键操作时，应具备提醒、二次验证和误操作恢复功能，对正在使用的功能进行修改、删除时，应限制进行操作
实测结果	—

（2）数据安全增强服务测试，如表5-5所示。

表5-5 数据安全增强服务测试

用例名称	数据安全增强服务测试
测试目的	1.使用用户身份鉴别测试方法，测试产品是否能防止假冒人员登录。 2.对关键或敏感数据进行加密写入和解密读出测试，验证安全功能是否实现。 3.测试产品是否支持外接（或内置）密码设备或模块，记录和报告测试结果。 4.提供产品所采用的密码设备及算法符合国家有关规定的证明材料，核验系统密码功能通过密码测评机构的相关检测的证明材料
预置条件	系统运行正常
测试步骤	1.在系统用户管理模块，新建用户，输入已存在的用户名，新建用户。 2.使用已删除的用户名新建用户。 3.为不同的用户设置不同的密码或证书，使用不同用户账号登录，查看登录时是否分别对不同用户进行鉴别认证。 4.检查系统是否使用私有算法实现加解密，例如自行定义的通过变形、字符移位、替换等方式执行的数据转换算法，用编码的方式（如Base64编码）实现数据加密目的的伪加密等。 5.检查系统是否使用当前已知的不安全的密码算法（如MD5、DES、RC4）。 6.外接（或内置）密码设备或模块，进行增删改用户、增删改用户控件、数据读写等测试，查看测试结果。 7.提供产品所采用的密码设备及算法符合国家有关规定的证明材料，核验系统密码功能通过密码测评机构的相关检测的证明材料

续表

用例名称	数据安全增强服务测试
预期结果	1. 新建用户失败，系统提示用户名需要唯一。 2. 用户新建后原有的权限设置、授权等相关信息被重置。 3. 登录时正确对不同用户进行鉴别认证。 4. 系统支持使用私有算法实现加解密，例如自行定义的通过变形、字符移位、替换等方式执行的数据转换算法，用编码的方式（如Base64编码）实现数据加密目的的伪加密等。 5. 系统未使用当前已知的不安全的密码算法。 6. 外接（或内置）密码设备或模块，能正确进行增删改用户、增删改用户控件、数据读写等测试。 7. 系统使用AES256、SHA256、SHA384、RSA3072、ECDSA384或国产SM1、SM2、SM3、SM4等算法（协议规定的密码算法除外），能提供产品所采用的密码设备及算法符合国家有关规定的证明材料，以及系统密码功能通过密码测评机构的相关检测的证明材料
实测结果	—

第8节　可靠性

标准条款 **7.8.1.1　试验条件**

　　可靠性试验目的是为确定产品在正常使用条件下的可靠性水平。可靠性试验方法如下：

　　a）在总试验期间内循环次数不应小于 3 次（一个循环为一个周期），每个周期的持续时间不应大于规定的可接受的平均失效间隔时间（m_0）的 0.2 倍。

　　b）电应力和温度应力应同时施加：

　　1）电应力：受试样品在输入电压标称值（220 V）的 ±10% 变化范围内工作（直流供电产品电压变化为 ±5%）。一个周期内电压上限、标称值和下限的工作时间分配为：25%，50%，25%；

　　2）温度应力：受试样品在一个周期内由正常温度（具体值由产品标准规定）升至表1规定的温度上限值再回到正常温度。温度变化率的平均值为 0.7℃/min～1℃/min，或根据受试样品的特殊要求选用其他值。在一个周期内，保持在温度上限和正常温度的持续时间之比应为1:1左右。

条款解读

一、目的和意图

本条款给出磁光电混合存储系统依据条款6.7的要求进行可靠性试验的试验条件。

二、条款释义

可靠性试验是为确定产品在正常使用条件下的可靠性水平，通常会进行多项测试来检验产品的可靠性。以下是本条款中提到的可靠性试验方法的详细解释。

（1）在总试验期间内循环次数不应小于3次（一个循环为一个周期），每个周期的持续时间不应大于规定的可接受的平均失效间隔时间（m_0）的0.2倍。这里的循环次数指的是在规定的时间范围内，对产品进行多次测试并记录其表现的次数。一个周期指的是一个完整的测试过程，包括一系列的测试步骤。在可靠性试验中，通常要进行多个周期的测试，以确保结果的可靠性。每个周期的持续时间应根据产品可接受的平均失效间隔时间来确定，不应超过其0.2倍。

（2）电应力和温度应力应同时施加：这里的电应力和温度应力是指在测试过程中对受试样品施加的电压和温度压力。在可靠性试验中，需要对受试样品进行电应力和温度应力测试，以评估其在不同环境下的表现。进行电应力测试时，让受试样品在输入电压标称值（220 V）的 ±10% 变化范围内工作，直流供电产品电压变化为 ±5%。一个周期内电压上限、标称值和下限的工作时间分配为 25%、50%、25%。在进行温度应力测试时，让受试样品在一个周期内由正常温度升至规定的温度上限值再回到正常温度。在一个周期内，保持在温度上限和正常温度的持续时间之比应为 1∶1 左右，而温度变化率的平均值为 0.7 ℃/min ～ 1 ℃/min。根据产品的特殊要求，还可以选用其他的温度变化率。

标准条款 **7.8.1.2　试验方案**

可靠性试验按 GB/T 5080.7—1986 进行，可靠性鉴定试验和可靠性验收试验的方案由产品标准规定。故障的判据和计入方法按附录 A 的规定，并只统计关联故障数。试验过程要求如下：

 a）应对产品进行写入数据（初始化）操作，再运行检测程序：

  1）应对第一级存储的所有被测存储区进行写入数据（初始化）操作；

  2）应对第二级存储的所有被测光盘进行写入数据（初始化）操作。

 b）应对产品进行顺序操作：

  1）检测程序对第一级存储的所有存储区都应有顺序读写操作；

  2）检测程序对第二级存储的所有被测光盘都应有顺序读操作，所有移盘装置、光驱都应工作。

◉ 条款解读

一、目的和意图

本条款给出磁光电混合存储系统依据条款 6.7 的要求进行可靠性试验的试验方案。

二、条款释义

本条款描述的是可靠性试验的具体要求，旨在确定产品在正常使用条件下的可靠性水平。根据 GB/T 5080.7—1986《设备可靠性试验　恒定失效率假设下的失效率与平均无故障时间的验证试验方案》的规定，可靠性试验分为可靠性鉴定试验和可靠性验收试验，而具体的试验方案则由产品标准规定。同时，在试验过程中，需要遵循一定的要求和流程。

（1）在进行可靠性试验之前，应对产品进行写入数据（初始化）操作，然后运行检测程序。具体来说，对于第一级存储的所有被测存储区，都需要进行写入数据操作；对于第二级存储的所有被测光盘，也需要进行写入数据操作。

（2）在试验过程中，应对产品进行顺序操作。具体来说，对于第一级存储的所有存储区，都需要进行顺序读写操作；对于第二级存储的所有被测光盘，则需要进行顺序读操作，并测试所有移盘装置和光驱是否能正常工作。

在试验过程中，需要对故障的判据和计入方法进行规定，具体的规定可以参考 GB/T 41785—2022 的附录 A。此外，只统计关联故障数。

7.8.1.3 试验时间

试验时间应持续到总试验时间及总故障数均能按选定的试验方案做出接收或拒收判决时截止。多台受试样品试验时，每台受试样品的试验时间不应小于所有受试样品的平均试验时间的一半。

条款解读

一、目的和意图

本条款给出磁光电混合存储系统依据条款 6.7 的要求进行可靠性试验的试验时间。

二、条款释义

本条款主要是给出试验时间的确定方法。试验时间是指对产品进行可靠性试验的持续时间。根据本条款的描述，试验时间的确定应该遵循以下几个原则。

（1）持续时间：试验时间应持续到总试验时间及总故障数均能按选定的试验方案做出接收或拒收判决时截止。这意味着试验时间必须足够长，以确保所有的试验方案都得以执行完毕，同时确保产品的总故障数能够达到试验方案所要求的接受或拒收判决标准。

（2）多台受试样品：多台受试样品试验时，每台受试样品的试验时间不应小于所有受试样品平均试验时间的一半。这是为了确保对每台受试样品进行足够长时间的试验，以更全面地了解产品的可靠性情况，并排除偶然因素的影响。

综上所述，试验时间的确定需要根据试验方案、产品特性和试验条件等多方面因素进行综合考虑，并遵循一定的原则和标准进行。此外，在可靠性试验中，建议增加加速老化的方法，以缩短实际测试时间，减少测试费用。

第9节　功耗

标准条款　**7.9　功耗**

测试产品在空闲状态下的功耗（待机功耗）和在满载状态下的功耗（峰值功耗）。

⊙ 条款解读

一、目的和意图

本条款给出磁光电混合存储系统依据条款 6.8 的要求测试其功耗的内容。

二、条款释义

功耗测试是指测试产品在不同工作状态下的能耗情况，通常包括空闲状态下的功耗（也称为待机功耗）和满载状态下的功耗（也称为峰值功耗）。

待机功耗测试：确保产品处于完全静止或待机模式，关闭所有非必要功能，仅保持最低限度的系统监控和通信功能。使用高精度电力分析仪或功耗测量设备，连接到产品电源输入端，监测在稳定状态下的平均功耗。记录一段时间内的平均功耗值，通常至少需要几分钟的稳定读数，以排除瞬时波动的影响。

峰值功耗测试：将产品置于最大工作负荷状态，即所有功能和组件都在高负载下运行，模拟最极端使用场景。同样使用电力分析仪，监测产品在满载状态下的瞬时功耗和平均功耗。记录稳定状态下的峰值功耗值，确保测试时间足够长，以捕捉所有可能的峰值。

进行功耗测试的主要目的是评估产品的能源效率和节能性能，以便在设计和制造阶段对产品进行优化。通过测量产品在不同工作状态下的功耗，可以确定产品在实际使用中的能源消耗情况，为用户提供有关产品能源消耗方面的信息，帮助用户做出更好的购买决策，也可以为制造商提供改进产品能源效率和节能性能的建议。

7.10 噪声

产品的噪声试验应在满载状态下按 GB/T 18313—2001 的规定进行。

条款解读

一、目的和意图

本条款给出磁光电混合存储系统依据条款 6.9 的要求测试其噪声的依据。

二、条款释义

产品的噪声试验是在产品满载状态下进行的，具体可能包括以下步骤。

（1）准备工作：确认产品已正确安装，无松动部件，且处于最佳工作状态。在一个消声室或安静的环境中进行测试，以减小外界噪声的干扰。

（2）满载设置：设置产品至最高工作负荷，确保所有部件都处于最大运转状态。

（3）噪声测量：使用专业的噪声计或声级计，放置在距离产品适当的位置，按照标准要求进行测量。测量多个位置和角度的噪声值，以全面了解产品噪声分布。

（4）数据收集与分析：记录噪声水平，包括 A 声级（LAeq）、最大声级（Lmax）等参数。分析噪声特性，如频率组成、噪声源等。

（5）对比标准：将实测噪声值与 GB/T 18313—2001《声学 信息技术设备和通信设备空气噪声的测量》进行对比，判断是否达标。

本试验遵循国家标准 GB/T 18313—2001《声学 信息技术设备和通信设备空气噪声的测量》的规定，该标准是用于测量各种设备和机器的噪声的通用标准，其中规定了噪声测量的基本原理、仪器设备和测量程序等内容，以确保测量结果的准确性和可比性。在产品的噪声试验中，可以采用该标准所描述的各种测量方法和程序，以获取产品在满载状态下产生的噪声数据，并据此评估产品的噪声。

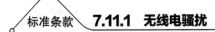

第 11 节　电磁兼容性

标准条款　7.11.1　无线电骚扰

> 按照 GB/T 9254—2008 的规定进行。

条款解读

一、目的和意图

本条款给出磁光电混合存储系统依据条款 6.10.1 的要求测试其耐无线电骚扰的依据。

二、条款释义

GB/T 9254—2008《信息技术设备的无线电骚扰限值和测量方法》规定了电子电气产品的无线电骚扰试验方法和限值。根据该标准，无线电骚扰试验应该在专门的电磁兼容性实验室或其他合适的场所进行，测试时应使用合适的测试设备和测试方法，以检测产品在使用时是否会产生无线电骚扰。测试过程应涵盖产品在各种工作模式下的发射频率范围和功率级别，并采用合适的测试天线和测量设备进行测试。根据测试结果，应当确保产品符合 GB/T 9254—2008《信息技术设备的无线电骚扰限值和测量方法》中规定的无线电骚扰限值要求。

在 GB/T 9254.1—2021《信息技术设备、多媒体设备和接收机　电磁兼容第 1 部分：发射要求》中，根据使用环境定义了 A 级和 B 级设备，A 级、B 级设备辐射发射要求见表 5-6、表 5-7[10]。

表5-6　A级设备辐射发射要求

序号	频率范围/ MHz	测量			A级限值/ dB（μV/m）
		设施	距离/m	检波器类型/带宽	
1	30～230	开阔试验场地/ 半电波暗室	10	准峰值/120 kHz	40
	230～1 000				47
2	30～230	开阔试验场地/ 半电波暗室	3		50
	230～1 000				57
3	30～230	全电波暗室	10	准峰值/120 kHz	42～35
	230～1 000				42
4	30～230	全电波暗室	3		52～45
	230～1 000				52
5	1 000～3 000	自由空间的开 阔试验场地	3	平均值/1 MHz	56
	3 000～6 000				60
6	1 000～3 000			峰值/1 MHz	76
	3 000～6 000				80

表5-7　B级设备辐射发射要求

序号	频率范围/ MHz	测量			B级限值/ dB（μV/m）
		设施	距离/m	检波器类型/带宽	
1	30～230	开阔试验场地/ 半电波暗室	10	准峰值/120 kHz	30
	230～1 000				37
2	30～230	开阔试验场地/ 半电波暗室	3		40
	230～1 000				47
3	30～230	全电波暗室	10	准峰值/120 kHz	32～25
	230～1 000				32
4	30～230	全电波暗室	3		42～35
	230～1 000				42

续表

序号	频率范围/MHz	测量			B级限值/dB (μV/m)
		设施	距离/m	检波器类型/带宽	
5	1 000～3 000	自由空间的开阔试验场地	3	平均值/1 MHz	50
	3 000～6 000				54
6	1 000～3 000			峰值/1 MHz	70
	3 000～6 000				74

三、示例说明

开展无线电骚扰试验的场地和设备如图 5-4 所示。

(a) 场地 (10 m 暗室)　　　　　　　(b) 设备

图5-4　开展无线电骚扰试验的场地和设备

 7.11.2　谐波电流

按照 GB 17625.1—2022 的规定进行。

条款解读

一、目的和意图

本条款给出磁光电混合存储系统依据条款 6.10.2 的要求测试其谐波电流的

121

依据。

二、条款释义

根据 GB 17625.1—2022《电磁兼容　限值　第 1 部分：谐波电流发射限值（设备每相输入电流≤ 16 A）》的规定，谐波电流是指设备工作时，所发射或导出的所有谐波电流的总和。该标准规定了设备在射频骚扰方面的限值和测量方法，主要包括对谐波电流的测量要求、对测量装置的要求、测量方法和计算公式等。对特定的信息技术设备，要求其在正常工作状态下，谐波电流应该控制在规定的限值以下，以保证其不对周围电子设备和无线电通信造成干扰。

谐波发射试验应在正常运行条件下，通过用户操作控制器或者自动程序设定至产生最大总谐波电流（total harmonic current，THC）的模式进行。应关闭可能导致功率电平有较大波动的节能模式，以保证在测量过程中整个设备或者设备中某部分不会自动关闭。

信息技术设备（ITE）的通用试验条件如下。

（1）ITE（包含个人计算机）销售时不带"工厂装配备选件"，并且不具备扩展槽能力的，按照销售的配置进行试验。

（2）个人计算机之外的 ITE，销售时带"工厂装配备选件"，或者具备扩展槽能力的，试验时需要在每个扩展槽都装上外加负载，即采用制造商规定的"工厂装配备选件"，以产生所能达到的最大功耗。

（3）对于不多于 3 个扩展槽的个人计算机试验，每个扩展槽都要装上使该扩展槽达到最大允许功率的负载卡。

（4）对于扩展槽多于 3 个的个人计算机试验，外加负载卡的安装比率应为：至多 3 个额外的扩展槽为一组，每组至少安装一块负载卡（也就是说，对于 4、5 或 6 个扩展槽，总共需要至少 4 块负载卡；对于 7、8 或 9 个扩展槽，总共需要至少 5 块负载卡，以此类推）。

（5）模组设备，比如硬盘组架或者网络服务器，在最大配置下试验。

在所有上述配置中，外加负载卡的使用不应导致总的直流输出功率超过额定值。

标准条款 **7.11.3   抗扰度**

按照 GB/T 17618—2015 的规定进行。

条款解读

一、目的和意图

本条款给出磁光电混合存储系统依据条款 6.10.3 的要求测试其抗扰度的依据。

二、条款释义

GB/T 17618—2015《信息技术设备 抗扰度 限值和测量方法》已经于 2022 年 7 月 1 日废止，由 GB/T 9254.2—2021《信息技术设备、多媒体设备和接收机 电磁兼容 第 2 部分：抗扰度要求》全部替代。按照 GB/T 9254.2—2021《信息技术设备、多媒体设备和接收机 电磁兼容 第 2 部分：抗扰度要求》的规定进行抗扰度测试。该标准规定了电子设备在不同的电磁环境下应该满足的要求，包括不同频率范围的电磁辐射和传导干扰，以及不同电压与电流条件下的瞬态扰动和电压波动等。

在测试时，需要根据具体的产品和使用环境，选择相应的测试方法和测试条件。常见的测试方法包括辐射场测试、传导干扰测试、瞬态扰动测试、电压波动测试等。测试结果应该符合国家标准和产品标准规定的要求，以确保产品在实际使用环境下的抗扰度能力。

根据 GB/T 9254.2—2021《信息技术设备、多媒体设备和接收机 电磁兼容 第 2 部分：抗扰度要求》对被测试设备的相关端口进行试验，考虑特定被测试设备的电性能和用途，某些试验可能是不合适的，因而也是不需要的。在这种情况下，需在试验报告中记录对某些特定端口不需要做某些特定试验的决定及其正当理由。

对于同时适用于 GB/T 9254.2—2021《信息技术设备、多媒体设备和接收机 电磁兼容 第 2 部分：抗扰度要求》和 / 或其他标准不同条款的多功能设备，如果无须对设备内部进行物理改变即可实现其功能运行，则应按照其每一个功能单独进行试验。只要被测试设备的每一个功能都符合相应的条款 / 标准的要求，就应认为该设备符合所有的条款/标准要求。例如，对于带有广播接收功能的个人计算机，如果在正常工作状态下可以单独运行计算机的每一个功能，那么，首先应按照 GB/T 9254.2—2021《信息技术设备、多媒体设备和接收机 电磁兼容 第 2 部分：抗扰度要求》在其接收功能不工作的状况下进行试验，然后，再依据 CISPR20:2006，在只有广播接收功能工作的状态下进行试验。

对于各功能不能独立运行的设备，或对于一个特殊功能独立运行后将导致设备不能满足其主要功能的设备，或对于几项功能同时运行时能节约测量时间的设备，如果该设备在运行必要的功能时还能满足有关的条款/标准的规定，则认为它符合要求。例如，带有广播接收功能的个人计算机不能在独立于计算功能的条件下实现广播接收功能，那么可以依据 GB/T 9254.2—2021《信息技术设备、多媒体设备和接收机 电磁兼容 第 2 部分：抗扰度要求》和 CISPR20:2006，使得个人计算机在计算功能和广播接收功能同时运行的状态下进行试验。

由于试验规范、试验布置或性能判据的不同，当多功能设备的相关功能按不同标准进行试验时，允许在相关标准中对特定端口、频率或功能按不作要求处理。

三、示例说明

开展抗扰度试验的设备如图 5-5 所示。

(a) 开展辐射抗扰度试验的设备 　　　(b) 开展传导骚扰抗扰度试验的设备

图5-5　开展抗扰度试验的设备

第12节　电源适应性

 7.12.1　交流电源适应能力

按表5组合对受试样品进行检测，每种组合运行一遍检测程序，检测受试样品工作是否正常。

表5　交流电源适应能力

标称值组合	电压 V	频率 Hz
1	220	50
2	198	49
3	198	51
4	242	49
5	242	51

条款解读

一、目的和意图

本条款给出磁光电混合存储系统依据条款6.11.1的要求测试其交流电源适应能力的内容和方法。

二、条款释义

交流电源适应能力是指产品在各种电网条件下能够正常工作的能力，通常需要进行交流电源适应性测试。根据本条款要求，该测试应使用 GB/T 41785—2022《磁光电混合存储系统通用规范》表5中规定的不同电网条件组合对受试样品进行检测，每种组合运行一遍检测程序，以验证受试样品在不同电网条件下是否能够正常工作。

7.12.2　直流电源适应能力

> 调节直流电源电压，使其偏离标称值 ±5%，运行一遍检测程序，检测受试样品工作是否正常。

条款解读

一、目的和意图

本条款给出磁光电混合存储系统依据条款 6.11.2 的要求测试其直流电源适应能力的内容和方法。

二、条款释义

直流电源适应能力测试是为了测试产品在电压波动较大的情况下是否能够正常工作。在测试过程中，需要调节直流电源的输出电压，使其偏离标称值的 ±5%，然后运行一遍检测程序，检测受试样品工作是否正常。如果受试样品能够正常工作，就表明其具备了一定的直流电源适应能力。测试受试样品（被测试的设备或系统）在直流电源电压波动条件下的稳定性和可靠性的具体操作如下。

（1）准备直流电源：确保直流电源设备可用，能够提供稳定且可调节的直流电压输出。

（2）设定标称电压：根据受试样品的技术规格，确定其额定工作电压，即标称值。例如，设备的标称直流电压为 24 V。

（3）电压调节与测试：将直流电源的输出电压调节至标称值的 95%，在本例中为 22.8 V（24 V×95%），连接受试样品，运行检测程序，观察设备是否能正常工作，记录任何异常表现。再将电源电压调节至标称值的 105%，即 25.2 V（24 V×105%），再次运行检测程序，检查设备运行状态。

（4）记录与评估：在每个测试点记录设备行为，包括是否出现性能下降、功能异常、警告信息或硬件损坏等情况。基于这些观察，评估受试样品在直流电压波动条件下的稳定性和可靠性。

（5）结论：如果受试样品在 ±5% 的电压波动范围内均能正常工作，不出现功能异常或性能明显下降，可以初步判定其直流电源适应性和稳定性良好，满足相关技术规格要求。

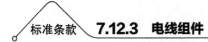 **7.12.3　电线组件**

按照 GB/T 15934—2008 的规定进行。

条款解读

一、目的和意图

本条款给出磁光电混合存储系统依据条款 6.11.3 的要求测试其电线组件的依据。

二、条款释义

电线组件是指用于电气或电子设备中连接、固定或支撑导线或电缆的器件或部件。GB/T 15934—2024《电器附件　电线组件和互连电线组件》规定了电线组件的分类、术语和定义、性能要求、试验方法、标记、包装、运输、存放等内容。按照该标准进行测试，可以保证电线组件的质量和可靠性，确保其在电气或电子设备中的正常使用。

第13节　环境适应性

磁光电混合存储系统在使用期间会经受环境应力的作用而发生性能劣化甚至故障。环境适应性表示产品"抵抗"环境因素不被破坏的能力，是重要的质量特性之一。磁光电混合存储系统环境适应性的好坏对产品整体的可靠性具有较大的影响，因此，对其进行环境适应性试验具有重要的现实意义。

7.13.1.1

各项环境适应性试验中的初始检测和最后检测，均应进行外观检查和运行检测程序。

◉ 条款解读

一、目的和意图

本条款给出磁光电混合存储系统依据条款 6.12 的要求测试其环境适应性的一般要求。

二、条款释义

各项环境适应性试验是为了检测产品在不同的环境条件下的适应能力，以确保产品在实际应用中的可靠性和稳定性。其中的初始检测和最后检测是非常重要的环节。在初始检测中，需要对产品进行外观检查，确保产品没有损坏或缺陷，并运行检测程序，检测产品是否能正常启动和运行。在最后检测中，同样需要进行外观检查和运行检测程序，以检测产品是否受到环境条件的影响而出现问题，以及经过一系列的适应性测试后是否仍能正常工作。这些检测是为了确保产品的质量和可靠性，在产品投入市场前进行的必要检测。

标准条款 7.13.1.2

每一项气候检测后，非包装整机外观和机械结构应无损坏和信息改变，产品应能正常工作。

◉ 条款解读

一、目的和意图

本条款给出磁光电混合存储系统依据条款 6.12 的要求测试其气候适应性的一般要求。

二、条款释义

在进行气候适应性试验的过程中，每一项检测结束后，需要对非包装整机的外观和机械结构进行检查，确认是否有损坏或信息改变的情况。同时，还需要运行检测程序，检测产品是否能够正常工作。这是为了确保产品在不同气候条件下都能够保持其基本功能和稳定性。

标准条款 7.13.1.3

> 环境试验方法的总则、名词术语应符合 GB/T 2422—2012 的有关规定。

◎ 条款解读

一、目的和意图

本条款给出磁光电混合存储系统依据条款 6.12 的要求测试其环境适应性的一般要求。

二、条款释义

GB/T 2422—2012《环境试验 试验方法编写导则 术语和定义》规定了环境试验中使用的术语（例如元件、分组件、组件和装置）及其定义。该标准包括了多种环境试验条件，如冲击、振动、气候（温度、湿度和气压）、密封（防止固体、液体、气体浸入或维持压差）、焊热接（包括焊接产生的热冲击）。在进行环境试验时，需要遵照该标准的要求和定义，以确保试验结果的准确性和可比性。

该标准主要包括（试验的）范围与目的，规范性引用文件，环境试验术语，通用术语，冲击、振动和稳态加速度，气候试验，密封试验，以及可焊性试验等方面的规定。该标准给出了各种试验方法中所用到的专业术语和定义，示例如下。

（1）重力加速度（acceleration of gravity）：由地球引力引起的标准加速度，其值随海拔高度和地球纬度而变化。

（2）临界频率（critical frequencies）：由于振动导致试验样品的功能异常和（或）性能退化；或产生机械共振和（或）其他响应效应如震颤的频率。

（3）凝露（condensation）：试验样品的表面温度低于周围空气的露点温度

时，水蒸气在该表面上析出的现象，即水由气态转变为聚集的液态。

上述这些术语的定义和理解对正确执行试验方法和解读试验结果非常重要。

标准条款 **7.13.2.1　工作温度下限**

按 GB/T 2423.1—2008 "试验 Ad"进行。受试样品应进行初始检测。按表 1 规定的工作温度下限值，加电运行检测程序 2 h，受试样品工作应正常。恢复时间为 2 h，并进行最后检测。

条款解读

一、目的和意图

本条款给出磁光电混合存储系统依据条款 6.12.1 的要求测试其气候环境适应性中工作温度下限的内容和方法。本低温试验的目的仅限于确定元件、设备或其他产品在低温环境下工作的能力。

二、条款释义

根据 GB/T 2423.1—2008《电工电子产品环境试验　第 2 部分：试验方法　试验 A：低温》的 "试验 Ad（散热试验样品温度渐变的低温试验）"进行环境试验。在进行试验之前，需要对受试样品进行初始检测，以确认其状态是否正常。接下来，按 GB/T 41785—2022《磁光电混合存储系统通用规范》表 1 规定的工作温度下限值，受试样品加电运行检测程序 2 h。在此期间，受试样品应该能够正常工作。在检测完成后，要等待 2 h，以便受试样品恢复其状态。然后进行最后检测，以确定是否出现了任何问题。本试验旨在评估受试样品在特定环境下的工作能力和可靠性，通常采用低气流速度循环。

低气流速度指工作空间的调节气流速度，其能维持设定的条件，但速度也足够低，以致试验样品上任意点的温度不会由于空气循环的影响而降低 5 K 以上（如果可能，低气流速度不大于 0.5 m/s）。

标准条款 **7.13.2.2 贮存运输温度下限**

> 按 GB/T 2423.1—2008"试验 Ab"进行。按表 1 规定的贮存运输温度下限值,受试样品在不工作条件下存放 16 h。恢复时间为 2 h,并进行最后检测。
>
> 为防止试验中受试样品结霜和凝露,可将受试样品用聚乙烯薄膜密封后进行检测,必要时还可在密封套内装吸潮剂。

条款解读

一、目的和意图

本条款给出磁光电混合存储系统依据条款 6.12.1 的要求测试其气候环境适应性中贮存运输温度下限的内容和方法。本试验的目的仅限于确定元件、设备或其他产品在低温环境下运输和贮存的能力。

二、条款释义

本条款描述了按照 GB/T 2423.1—2008《电工电子产品环境试验 第 2 部分:试验方法 试验 A:低温》的"试验方法 Ab(非散热试验样品温度渐变的低温试验)"进行环境适应性试验的步骤。这种试验方法用来测试产品在贮存和运输过程中的耐受性,以确保产品可以安全地在各种环境条件下运输和存储。

在进行试验前,需要对受试样品进行初始检测,以确定其状态是否符合试验要求。然后,在不工作条件下,将受试样品放置在 GB/T 41785—2022《磁光电混合存储系统通用规范》表 1 规定的贮存运输温度下限值的环境中 16 h。

在恢复 2 h 后,对受试样品进行最后检测,以确定其外观和功能是否有损坏或改变。为了避免试验过程中出现结霜和凝露,可以使用聚乙烯薄膜对受试样品进行密封,必要时还可以在密封套内装吸潮剂。

本试验通常采用高气流速度循环,试验样品通常在非工作状态下进行试验。高气流速度指工作空间的调节气流速度,其能维持设定的条件,同时使得试验样品上任意点的温度由于空气循环的影响而降低 5 K 以上。

标准条款 **7.13.2.3 工作温度上限**

按 GB/T 2423.2—2008 "试验 Bd" 进行。受试样品应进行初始检测。按表 1 规定的工作温度上限值，加电运行检测程序 2 h，受试样品工作应正常。恢复时间为 2 h，并进行最后检测。

🔘 条款解读

一、目的和意图

本条款给出磁光电混合存储系统依据条款 6.12.1 的要求测试其气候环境适应性中工作温度上限的内容和方法。本试验用来进行散热试验样品的高温试验，试验样品在高温条件下达到稳定所需要的放置时间。

二、条款释义

GB/T 2423.2—2008《电工电子产品环境试验 第 2 部分：试验方法 试验 B：高温》的 "试验 Bd（散热试验样品温度渐变的高温试验）" 是一种环境试验方法，用于测试电子电气产品在高温环境下的适应性。按照该标准，本试验包括初始检测、加热试验、恢复时间和最后检测，具体步骤如下。

（1）初始检测：按规定的工作温度下限值，对受试样品进行外观检查和运行检测程序，确认其符合要求。

（2）加热试验：将受试样品置于规定的高温环境下运行 2 h，对受试样品进行外观检查和运行检测程序，确认其能正常工作。

（3）恢复时间：将受试样品从高温环境中取出，放置在规定的环境下，等待 2 h，使其恢复到常温状态。

（4）最后检测：在规定的工作温度下限值下，对受试样品进行外观检查和运行检测程序，确认其符合要求。

本试验通常采用低气流速度循环，可以评估电子电气产品在高温环境下的适应性，以确保其能正常工作且不会受到损坏。

标准条款 **7.13.2.4　贮存运输温度上限**

　　按 GB/T 2423.2—2008"试验 Bb"进行。按表 1 规定的贮存运输温度上限值，受试样品在不工作条件下存放 16 h。恢复时间为 2 h，并进行最后检测。

条款解读

一、目的和意图

　　本条款给出磁光电混合存储系统依据条款 6.12.1 的要求测试其气候环境适应性中贮存运输温度上限的内容和方法。本试验用来进行非散热试验样品的高温试验，试验样品在高温条件下达到稳定所需的放置时间。

二、条款释义

　　GB/T 2423.2—2008《电工电子产品环境试验　第 2 部分：试验方法　试验 B：高温》规定了"试验 Bb（非散热试验样品温度渐变的高温试验）"的方法，即在高温条件下进行的贮存、运输试验。按照该标准，本试验具体步骤如下。

　　（1）对受试样品进行初始检测。

　　（2）根据 GB/T 41785—2022《磁光电混合存储系统通用规范》表 1 中规定的贮存运输温度上限值，将受试样品在不工作条件下存放 16 h。

　　（3）恢复时间为 2 h，并进行最后检测。

　　本试验通常采用高气流速度循环，试验样品通常在非工作状态下进行试验。注意防止受试样品结霜和凝露，可以通过将样品用聚乙烯薄膜密封来避免这种情况。

标准条款 **7.13.2.5　工作条件下的恒定湿热**

　　按 GB/T 2423.3—2016"试验 Cab"进行。按表 1 规定的工作温度、湿热上限值。受试样品应进行初始检测，试验持续时间为 2 h。在此期间加电运行检测程序，工作应正常。恢复时间为 2 h，并进行最后检测。

条款解读

一、目的和意图

本条款给出磁光电混合存储系统依据条款 6.12.1 的要求测试其气候环境适应性中工作条件下的恒定湿热的内容和方法。本试验的目的是确定规定时间内恒定温度、无凝露的高湿环境对工作条件下试验样品的影响。

二、条款释义

工作条件下的恒定湿热指在一定的温度和相对湿度条件下，受试样品长时间连续工作的环境条件。按照 GB/T 2423.3—2016《环境试验 第 2 部分：试验方法 试验 Cab：恒定湿热试验》的"试验 Cab（恒定湿热试验）"进行环境试验，需要将受试样品置于规定的高温高湿环境下，进行工作状态下的运行检测。具体步骤如下。

（1）进行初始检测：在规定的工作温度和湿度下，进行外观检查和运行检测程序，检查受试样品是否符合要求。

（2）进行试验：将受试样品加电运行检测程序，持续时间为 2 h。在此期间，受试样品应能够正常工作。

（3）恢复时间：试验持续时间结束后，将受试样品放置到常温常湿的环境中，并等待 2 h。

（4）进行最后检测：在恢复时间结束后，进行外观检查和运行检测程序，检查受试样品是否有损坏和信息改变，是否能正常工作。

在试验过程中，应按照标准要求进行操作，同时要注意防止受试样品受到其他不符合标准要求的因素的影响。这样可以测试受试样品长时间连续工作在恒定湿热条件下的适应能力，评估其可靠性和稳定性。

标准条款 **7.13.2.6 贮存运输条件下的恒定湿热**

按 GB/T 2423.3—2016 "试验 Cab" 进行。按表 1 贮存运输规定的温度、相对湿度值上限值。受试样品应进行初始检测。受试样品在不工作条件下存放 48 h，恢复时间 2 h，并进行最后检测。

条款解读

一、目的和意图

本条款给出磁光电混合存储系统依据条款 6.12.1 的要求测试其气候环境适应性中贮存运输条件下的恒定湿热的内容和方法。本试验的目的是确定规定时间内恒定温度、无凝露的高湿环境对贮存运输条件下试验样品的影响。

二、条款释义

贮存运输条件下的恒定湿热测试旨在评估产品在恒定的高温高湿条件下的耐受性能，以模拟贮存和运输期间的环境影响。本试验按照 GB/T 2423.3—2016《环境试验　第 2 部分：试验方法　试验 Cab：恒定湿热试验》的规定进行，具体步骤如下。

（1）进行初始检测，以确保受试样品在测试前处于正常工作状态。

（2）将受试样品置于符合 GB/T 41785—2022《磁光电混合存储系统通用规范》表 1 规定的贮存运输温度和相对湿度下，且在不加电工作条件下存放 48 h。

（3）恢复时间为 2 h，即将受试样品放置在符合其正常工作条件的环境中 2 h，以使其恢复。

（4）进行最后检测，以确保受试样品在测试后能够正常工作，并且外观和机械结构未受损坏或信息未改变。

本试验的目的是确保产品可以承受贮存和运输过程中可能遇到的高温高湿的环境条件，并保证产品的质量和可靠性。

标准条款　**7.13.3.1　振动**

按 GB/T 2423.10—2019"试验 Fc"进行。按表 2 振动试验规定值将受试样品按工作位置固定在振动台上，进行初始检测。受试样品在不工作状态下，按表 2 规定值，分别在三个互相垂直的轴线方向进行振动检测。检测结束后进行最后检测。

一、目的和意图

本条款给出磁光电混合存储系统依据条款 6.12.2 的要求测试其机械环境适应性中振动的内容和方法。本试验的目的是确定样品的机械薄弱环节和 / 或特性降低情况，并且利用这些资料，结合有关规范，来决定样品是否可以接收。在某些情况下，本试验可用于论证样品的机械结构完好性和 / 或研究它们的动态特性。

二、条款释义

GB/T 2423.10—2019《环境试验 第 2 部分：试验方法 试验 Fc：振动（正弦）》的"试验 Fc"是一种振动试验方法，主要用于测试产品在运输、储存和使用过程中是否能够承受振动引起的损坏。根据该标准，本试验的步骤如下。

（1）将受试样品按照工作位置固定在振动台上，并进行初始检测。

（2）受试样品在不工作状态下，按照 GB/T 41785—2022《磁光电混合存储系统通用规范》表 2 的振动试验规定值，分别在 3 个互相垂直的轴线方向进行振动检测。

（3）检测结束后进行最后检测。

在试验过程中，受试样品需要按照标准要求进行固定和安装，以保证测试结果的准确性和可靠性。振动试验过程中，需要按照标准规定的振动频率、振动方向和振动加速度进行检测，观察受试样品是否出现损坏或性能退化，并进行最后检测，以评估受试样品的质量和性能。

三、示例说明

开展振动试验的仪器如图 5-6 所示。

图5-6　开展振动试验的仪器

标准条款　**7.13.3.2　碰撞**

> 按 GB/T 2423.5—2019 "冲击试验"进行。按表 3 碰撞试验规定值。受试样品应进行初始检测，安装时要注意重力影响。按表 3 规定值，在不工作条件下，分别在三个互相垂直的轴线方向进行碰撞。试验结束后进行最后检测。

条款解读

一、目的和意图

本条款给出磁光电混合存储系统依据条款 6.12.2 的要求测试其机械环境适应性中碰撞的内容和方法。本试验的目的是用来暴露机械薄弱环节和 / 或性能下降引起的累计损伤和退化情况，并且利用这些资料，结合有关规范，来决定样品是否可以接收。在某些情况下，本试验也可以用来确认样品的结构完好性，或作为质量控制的手段。

二、条款释义

本条款描述了按照 GB/T 2423.5—2019《环境试验　第 2 部分：试验方法　试验 Ea 和导则：冲击》进行碰撞试验的具体步骤和要求，包括如下几个方面。

（1）按 GB/T 2423.5—2019《环境试验　第 2 部分：试验方法　试验 Ea 和导则：冲击》进行冲击试验：这里明确了本试验是基于 GB/T 2423.5—2019《环境试验　第 2 部分：试验方法　试验 Ea 和导则：冲击》进行的冲击试验，说明了测试方法的依据。

（2）按 GB/T 41785—2022《磁光电混合存储系统通用规范》表 3 碰撞试验规定值：在进行测试时，需要参考 GB/T 41785—2022《磁光电混合存储系统通用规范》表 3 中的数值来设定碰撞试验的参数和条件。

（3）受试样品应进行初始检测：在进行试验前，需要对受试样品进行初始检测，以了解它的基本特性。这个步骤是为了保证测试结果的准确性和可靠性。

（4）安装时要注意重力影响：在受试样品的安装过程中，需要注意重力的影响。这是因为重力可能会影响受试样品的测试结果，因此需要采取措施来减小这种影响，以确保测试结果的准确性。

（5）按 GB/T 41785—2022《磁光电混合存储系统通用规范》中表 3 的规定值，在不工作条件下，分别在 3 个互相垂直的轴线方向进行碰撞：测试过程中，需要按照表格中规定的数值，在 3 个互相垂直的轴线方向进行碰撞。这样可以更全面地评估样品的性能和质量。

（6）试验结束后进行最后检测：在测试结束后，需要进行最后检测，以确认样品的性能是否符合标准要求。这个步骤是为了确认测试结果的准确性和可靠性。

标准条款 **7.13.3.3　运输包装件跌落**

对受试样品进行初始检测，使运输包装件处于准备运输状态，按 GB/T 4857.2—2005 的规定进行预处理 4 h。

按 GB/T 4857.5—1992 的要求和表 4 运输包装件跌落试验规定值，根据受试样品的质量进行跌落试验，任选四面，每面跌落一次。试验结束后按产品标准的规定检查包装件的损坏情况，并对受试样品进行最后检测。

条款解读

一、目的和意图

本条款给出磁光电混合存储系统依据条款 6.12.2 的要求测试其机械环境适应性中运输包装件跌落的内容和方法。

二、条款释义

运输包装件跌落试验是一种常见的质量检测方法，用于测试包装件在运输过程中是否能够保护其内部的受试样品。以下是试验的详细描述。

（1）初始检测：对受试样品进行初始检测，以确定其状态和质量，并使运输包装件处于准备运输的状态。步骤通常包括测量、记录和评估受试样品的重量、尺寸和形状等参数。

（2）预处理：按照 GB/T 4857.2—2005《包装 运输包装件基本试验 第 2 部分：温湿度调节处理》的规定，将运输包装件在标准的温度和湿度条件下处理 4 h，以模拟实际运输中的环境条件。

（3）跌落试验：按照 GB/T 4857.5—1992《包装 运输包装件 跌落试验方法》的要求和 GB/T 41785—2022《磁光电混合存储系统通用规范》表 4 的规定值，根据受试样品的质量选择跌落高度，任选四面，进行跌落试验。每个面只需进行一次跌落试验，但如果包装件在第一次跌落后已经损坏，则可以停止试验。

（4）检查损坏情况：试验结束后，根据产品标准的规定检查包装件的损坏情况。检查包括外观检查和内部检查，以确定包装件是否已经失去了保护功能。如果包装件没有损坏，则可以进行最后的受试样品检测。

 7.13.4 其他环境适应性

> 按产品说明书规定的试验方法进行。

条款解读

一、目的和意图

本条款给出磁光电混合存储系统依据条款 6.12.3 的要求测试其他环境适应性的规定。

二、条款释义

在进行产品试验时，需要按照产品说明书中所规定的方法进行，以确保试验结果的准确性和可比性。"其他环境适应性"指的是产品在不同环境条件下的适应能力。例如，某款电子产品可能需要在不同温度、湿度等环境下进行测试，以验证其在各种环境条件下的可靠性和稳定性。因此，在进行试验时，需要按照产品说明书中的方法和测试条件进行，以获得准确的测试结果，并评估产品的各种环境适应能力。

第14节　限用物质的测定

按 GB/T 26125—2011 的规定进行。

◉ 条款解读

一、目的和意图

本条款给出磁光电混合存储系统依据条款6.13的要求测定限用物质的规定。

二、条款释义

GB/T 26125—2011《电子电气产品　六种限用物质（铅、汞、镉、六价铬、多溴联苯和多溴二苯醚）的测定》规定了六种限用物质的测定方法和限制要求，主要适用于电子电气产品和其他相关产品。测定电子电气产品中限用物质检测方法的流程如图 5-7 所示 [11]。

根据该标准，限用物质的测定主要包括以下步骤。

（1）样品准备：首先需要确定是否为非破坏性制样，如果是，则继续进行处理；如果不是，则需要进行机械制样。

（2）均质化处理：将样品进行均质化处理，确保样品的一致性。

（3）是否满足筛选检测条件：检查样品是否满足进行筛选检测的条件，包括是否为金属材料、聚合物材料或电子件。

（4）筛选检测：如果样品满足筛选检测条件，根据判定准则进行筛选检测。

（5）判定限值：检测结果需要与机构确定的限值进行比较。

（6）符合性判定：如果样品检测结果满足限值要求，则判定为符合性样品；如果不满足限值要求，则进一步检测。

（7）进一步检测：对于不满足限值要求的样品，进行进一步的检测。如果进一步检测结果为满足限定值，则判定为符合性样品；如果不满足，则判定为不符合性样品。

（8）多种方法检测：使用多种方法对样品进行检测，以确保结果的准确性。

（9）最终判定：根据检测结果和判定准则，最终判定样品是否符合要求。

（10）记录结果：将检测结果和判定记录在案，供后续参考或报告使用。

以上是限用物质测定的一般步骤，具体操作细节需要根据具体的产品类型和限制要求进行调整、优化。

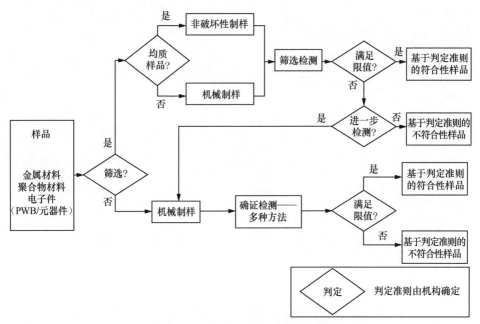

图5-7　测定电子电气产品中限用物质检测方法的流程

第 6 章

质量评定程序

第1节　一般规定

产品在定型（设计定型、生产定型）和生产过程中应按本文件的规定和产品标准补充规定的要求进行检验。

条款解读

一、目标和意图

为确保 HSS 运行稳定且性能满足使用需求，需保证 HSS 各组成部分的单体品质。本条款对质量评定范围及阶段提出要求。

二、条款释义

设计定型主要是在原型试验机按照研制要求完成了充分的试验之后进行的。设计定性的标准是原型机的主要性能符合技术要求和使用要求，性能稳定；产品设计、试验和验收等技术资料完整；产品配套齐全，来源可靠。在设计定型获准后，产品即可进入小批试生产阶段。这一阶段的核心是对产品的设计和性能进行全面考核，确保产品达到规定的标准，并为后续的生产奠定基础。

生产定型则是在试生产成功之后进行的，其标准是产品性能在试用中符合技术要求和使用要求且稳定；产品具有良好的工艺性，适于进行批生产；生产和验收等技术资料完备；配套零部件和原材料供应有保障。在生产定型获准后，产品即可投入批量生产。这一阶段侧重于对产品批量生产的质量稳定性和成套、批量生产条件进行全面考核，确认其达到批量生产的要求。

第2节　检验分类

标准条款 **8.2.1**

检验可分为 2 种。

a）定型检验；

b）质量一致性检验。

质量一致性检验可分为逐批检验和周期检验。

条款解读

一、目的和意图

HSS 在设计、试生产、批量生产、贮存等阶段，对应的质量检验标准及检验项目有所差异。本条款对质量检验阶段提出要求。

二、条款释义

定型检验指对新研制的或基于现有技术进行改造的产品，进行全面的质量检验，以确保其可以满足设计规范及技术文件的要求。定型检验分为设计定型阶段质量检验和生产定型阶段质量检验，其目的是确保产品各项技术指标以及稳定性、可靠性满足设计要求。

GJB 6000—2001《标准编写规定》实施指南中指出，质量一致性检验是指"以逐批检验为基础，周期性地从产品中抽取样品对所规定的检验项目进行的检验，用以确定产品在生产过程中能否保证质量持续稳定"。质量一致性检验的目的在于确定产品质量在生产过程中是否稳定，是否符合规范的要求，从而确定是接收还是拒收产品。

质量一致性逐批检验是对每个提交的检验批次的产品进行质量全检或抽检，判断其是否符合设计要求，主要内容包括：检验批次的构成与抽样要求、逐批检验的方法、抽样检验方法的选择和确定、逐批检验结果的判定和处置。按 GB/T

2828.1—2012《计数抽样检验程序 第 1 部分：按接收质量限（AQL）检索的逐批检验抽样计划》或产品标准规定的抽样程序进行抽样检验。

GB/T 2828.1—2012《计数抽样检验程序 第 1 部分：按接收质量限（AQL）检索的逐批检验抽样计划》中规定：企业在批量生产产品时，需要对产品进行检验来判断该批产品是否合格。为节省检验费用，降低生产成本，企业通常采取抽样检验。任何检验方法都必须提供质量保证，在抽样检验中，合格批中的产品不一定都是合格品，不合格批中的产品不一定全是不合格品。为明确不合格品的混入程度，引入接收质量限，也称为合格质量水平。

质量一致性周期检验是在固定的时间间隔内从已逐批检验的产品中，抽取样品进行周期检查，判断在规定的周期内生产过程的稳定性是否符合要求。按GB/T 2828.1—2012《计数抽样检验程序 第 1 部分：按接收质量限（AQL）检索的逐批检验抽样计划》或产品标准规定的抽样程序进行抽样检验。

如果生产单位实施了统计过程控制（statistical process control，SPC）这一类的质量控制手段，在鉴定机构的许可下，可以不进行质量一致性检验。统计过程控制是一种借助数理统计方法的过程控制工具。它对生产过程进行分析评价，根据反馈信息及时发现系统性因素出现的征兆，并采取措施消除其影响，使过程维持在仅受随机性因素影响的受控状态，以达到控制质量的目的。

8.2.2

检验项目和排列顺序应符合表6的规定。

8.2.3

产品标准中有补充的检验项目时，应将其插入表6的相应位置。

表6 检验项目

序号	检验项目	技术要求	试验方法	定型检验	质量一致性检验	
					逐批检验	周期检验
1	外观及安全防护	6.1	7.2	○	○	○
2	数据写入	6.2.1	7.3.1	○	○	○
3	数据读取	6.2.2	7.3.2	○	○	○

续表

序号	检验项目	技术要求	试验方法	定型检验	质量一致性检验	
					逐批检验	周期检验
4	数据迁移	6.2.3	7.3.3	○	—	#
5	数据管理	6.2.4	7.3.4	○	—	#
6	存储媒体自检	6.2.5	7.3.5	○	—	#
7	IOPS/OPS	6.3.1	7.4.1	○	—	#
8	数据传输率	6.3.2	7.4.2	○	—	#
9	存储容量	6.4	7.5	○	—	○
10	兼容性	6.5	7.6	○	—	#
11	设备安全	6.6.1	7.7.1	○	○[a]	○[a]
12	系统安全	6.6.2.1	7.7.2.1	○	—	#
13	数据安全	6.6.2.2	7.7.2.2	○	—	#
14	可靠性	6.7	7.8	○	—	#
15	功耗	6.8	7.9	○	—	○
16	噪声	6.9	7.10	○	—	#
17	电磁兼容性	6.10	7.11	○	—	#
18	电源适应性	6.11	7.12	○	—	#
19	环境适应性	6.12	7.13	○	—	#
20	限用物质的限量	6.13	7.14	○	—	#

注："○"表示应进行的检验项目，"—"表示不检验的项目，"#"表示可选检验的项目。

[a] 在逐批检验和周期检验中，安全试验仅作接地和连接保护措施、接触电流和保护导体电流以及抗电强度三项试验。

条款解读

一、目的和意图

这两个条款对不同阶段的检验项目提出要求。

二、条款释义

定型检验阶段需对所有项目进行检验，确保产品各项技术指标以及稳定性、可靠性满足设计要求。

出厂检验是指对正式生产的产品在出厂时必须进行的最终检验，用以评定产品在出厂时是否具有确认的质量，是否达到良好的质量特性的要求。产品经出厂检验合格，才能作为合格产品交付。一般采用逐批检验方式，针对重点项目进行检验，确保检验项目技术指标满足设计要求。有订货方参加的出厂检验，也可称为交货检验。

周期检验是指在规定的时间间隔内，从逐批检验合格的某批或若干批中抽样进行的检验，适用于生产过程稳定的检验。周期检验的实施有助于维护产品的一致性和可靠性，特别是在生产环境稳定且产品质量可控的情况下。通过这种方式，可以有效地监控生产过程中可能出现的波动或变化，从而及时采取措施，确保最终产品的质量符合标准。

在产品贮存一定时间后，为避免自然环境、电子元器件老化等因素导致产品异常或性能下降，可根据贮存条件、存放时间等因素，选取部分项目进行检验，确保产品整体技术指标满足设计要求。

第3节　定型检验

 **8.3.1**

> 产品在定型时应通过定型检验。

条款解读

一、目的和意图

为保证产品工作时各项技术指标与设计预期相符，本条款对产品技术及试生产定型后、批量生产前的质量检验提出要求。

二、条款释义

产品定型阶段包括设计定型阶段和生产定型阶段，两个阶段均需进行定型检验。设计定型关注的是产品设计和性能的考核，确保产品达到规定的标准并为试生产做准备，而生产定型则是在试生产基础上，进一步确保产品批量生产的质量稳定性和生产条件，为产品的正式批量生产提供依据。简言之，定型检验的目的是确保产品各项技术指标以及稳定性、可靠性满足设计要求。

定型检验需参照本标准表6中的检验项目，按照各项目的技术要求进行逐项检验。

标准条款 8.3.2

定型检验应由产品制造单位委托或上级主管部门指定或委托的通过资质认定的检测机构进行。

◎ 条款解读

一、目的和意图

为确保产品定型检验的严谨性、公正性、独立性，本条款对定型检验的主体部门或单位提出要求。

二、条款释义

定型检验项目及相关技术指标由设计部门提供，检验工作由公司质量保证部门或具有验证资质的第三方机构进行。

若委托第三方检测机构进行检验，该检测机构必须具有 CMA/CNAS 资质，检验项目及技术指标由产品设计部门提供。

中国计量认证（China Metrology Accreditation，CMA）是根据《中华人民共和国计量法》的规定，由省级以上质量技术监督部门对检验检测机构的检验检测能力及可靠性进行的一种全面的认证及评价。只有具有 CMA 资质认定证书标志，才能成为合法的检验检测机构，才能按证书上所批准列明的项目，从事检验检测活动，并在检验检测证书或报告上使用 CMA 标识。CMA 资质认定证书标志如图 6-1（a）所示。

中国合格评定国家认可委员会（China National Accreditation Service for

Conformity Assessment，CNAS）是根据《中华人民共和国认证认可条例》《认可机构监督管理办法》的规定，依法经国家市场监督管理总局确定，从事认证机构、实验室、检验机构、审定与核查机构等合格评定机构认可评价活动的权威机构，负责合格评定机构国家认可体系运行。CNAS 实验室认可标志如图 6-1（b）所示。

（a）CMA资质认定证书标志　　　　（b）CNAS实验室认可标志

图6-1　检验标志

标准条款　**8.3.3**

可靠性检验项目的样品数量可根据产品批量、检验时间和成本确定，其余检验项目的样品数量宜为 2 套。

◎ **条款解读**

一、目的和意图

为确保产品的平均失效间隔时间（MTBF）的不可接受值（m_1）不小于要求的 9 000 h，本条款对可靠性检验项目的样品数量提出要求。

二、条款释义

GB/T 5080.1—2012《可靠性试验　第 1 部分：试验条件和统计检验原理》规定：对抽取受试产品母体的选择通常是根据预定时间计划、产品技术条件和费用来考虑。GB/T 5080.1—2012 适用的产品范围十分广泛，包括民品、工业产品、军品以及航空产品。民用电子设备的平均无故障工作时间都比较高，每次试验要求的总试验时间较长，若规定的数量少了，试验时间太长，会给试验工作的管理带来很大困难。此外，各类电子设备的要求不一样，生产批量及连续性程度也不一样，要统一规定一个样本数量是比较困难的。可靠性试验的样本量需综合考虑统计有效性、资源投入（如时间、成本）及实际生产批量，其本质是通过科学的风险管理平衡试验精度与实施可行性。而"其余检验项目数量宜为2套"的设定，则针对非可靠性专项测试（如功能验证、兼容性测试等）。这类检验通常风险较低或失效模式明确，2套样本既能满足交叉验证需求，又能控制管理成本，符合 GB/T 5080.1—2012 中"避免不必要的资源浪费"的指导方向。

电源线、数据线等检验样品数量要求不少于 10 套，且每批次生产的产品均需进行可靠性检验；磁盘、固态盘 / 卡、光盘 / 光盘匣等存储媒体检验样品数量要求不少于 5 套，且每批次生产的产品均需进行可靠性检验；服务器、光盘库等设备检验样品数量要求不少于 2 套，如无重要部品更换、设计变更等可能导致设备功率、稳定性、读写速率等发生变化的因素，无须对每批次均进行可靠性检验。

除可靠性检验项目外，其余检验项目应符合以下规定：

a）检验过程中出现故障，应查明故障原因，排除故障，提交故障分析报告，重新进行检验；

b）重新检验过程中再次出现故障，应查明故障原因，排除故障，提交故障分析报告，重新进行定型检验；

c）任一项目检验未通过，应停止检验，查明原因，改进后，提交分析报告，重新进行检验；

d）任一项目重新检验未通过，应停止检验，查明原因，改进后，提交分析报告，重新进行定型检验。

条款解读

一、目的和意图

HSS 控制功能部分、存储管理功能部分，以及相应的软件部分均需要进行定型检验。本条款对可靠性项目之外的部分提出检验要求。

二、条款释义

定型检验需保证 HSS 所有硬件设备、软件功能正常，且符合设计规格要求，技术指标偏离在规定范围内。

定型检验过程中，任一项目检验未通过，须停止检验，查明是管理软件原因还是设备故障，并提交分析报告，确保故障不再重现。

若连续两次出现因同一问题导致的检验未通过，须将产品提交开发部门重新设计、生产，生产部门系统测试通过后，方可再次进行定型检验。

 **标准条款 8.3.5**

检验后应提交定型检验报告。

 条款解读

一、目的和意图

为体现定型检验结果，须在检验完成后输出检验报告。

二、条款释义

本条款对定型检验报告内容及格式提出参考要求。定型检验须按照 GB/T 41785—2022《磁光电混合存储系统通用规范》表 6 中的检验项目，根据所依据的具体标准进行逐项检验。定型检验报告内容应包括：报告标题、编号、送检日期、送检单位、产品名称、产品型号、检验项目、检验标准、检验结果和备注。

三、示例说明

定型检验报告包含基本信息、检验项目、检验标准、检验结果和备注。图 6-2 给出了一个示例。

磁光电混合存储系统定型检验报告

报告编号：HSS-20230504001   第1页 共4页

送检日期	2023年5月4日	送检单位	中国****有限公司
产品名称	磁光电混合存储系统	产品型号	HSS-****

No.	检验项目	检验标准	检验结果	备注
1	外观及安全防护	1. 外观应符合以下所有要求： a)表面不应有明显的凹痕、划痕、毛刺和污染； b)表面涂镀层应均匀，不应起泡、龟裂、脱落和磨损； c)金属零部件表面不应有锈蚀及其他机械损伤。 2. 安全防护应符合以下所有要求： a)设备的活动部件均能锁固，凡有可能伤人的转动部件有防护措施； b)进风口、排风口等有滤尘及防止伤人的保护措施	1. 通过 ☑ 未通过 □ 2. 通过 ☑ 未通过 □	
2	数据写入	1. 支持通过块、文件、对象等标准存储协议中一种或几种写入数据； 2. 支持将数据直接写入第一级存储； 3. 支持将数据通过文件存储方式直接写入第二级存储； 4. 支持将数据通过第一级存储写入第二级存储	1. 通过 ☑ 未通过 □ 2. 通过 ☑ 未通过 □ 3. 通过 ☑ 未通过 □ 4. 通过 ☑ 未通过 □	
3	数据读取	1. 支持通过块、文件、对象等标准存储协议中一种或几种读取数据； 2. 支持直接从第一级存储读取数据； 3. 支持直接从第二级存储读取数据； 4. 支持通过第一级存储读取第二级存储中的数据	1. 通过 ☑ 未通过 □ 2. 通过 □ 未通过 ☑ 3. 通过 □ 未通过 ☑ 4. 通过 ☑ 未通过 □	1. 数据读取多次中断导致检验失败； 2. 数据读取超时导致检验失败
4	数据迁移	1. 支持迁移策略配置； 2. 支持将数据从第一级存储迁移到第二级存储； 3. 支持间改数据从第二级存储迁移到第一级存储	1. 通过 □ 未通过 □ 2. 通过 □ 未通过 □ 3. 通过 □ 未通过 □	
5	数据管理	1. 支持全局数据可视化管理； 2. 支持批量数据自动写入、迁移和恢复等数据管理任务设置； 3. 支持数据自定义冗余级别配置； 4. 支持数据检索、统计与分析，宜对数据存储、读写、检测、备份和迁移等情况进行分时段统计； 5. 可支持存储数据的多版本管理	1. 通过 □ 未通过 □ 2. 通过 □ 未通过 □ 3. 通过 □ 未通过 □ 4. 通过 □ 未通过 □ 5. 通过 □ 未通过 □	

图6-2　磁光电混合存储系统定型检验报告示例

第4节　逐批检验

标准条款 **8.4.1**

产品应进行全数逐批检验。检验中，出现任一项不合格时，返修后重新进行检验；若再次出现任一项不合格时，该台产品被判定为不合格产品。逐批检验中外观结构、功能性能两个检验项目，允许按 GB/T 2828.1—2012 进行抽样检验，产品标准中应规定抽样方案和拒收后的处理方法。

⊙ 条款解读

一、目的和意图

生产的每一批 HSS 产品都需要进行逐批检验，以判断合格与否。本条款对逐批检验提出检验要求。

二、条款释义

逐批检验是指对生产的每一批产品逐批进行检验，从而判断每批产品合格与否。按照 GB/T 2828.1—2012《计数抽样检验程序　第 1 部分：按接收质量限（AQL）检索的逐批检验抽样计划》，通过规定零件合格质量水平、检验水平及批量大小，可以查到样本大小、批合格判定数、批不合格判定数，然后将样品的不合格品数与批合格判定数、批不合格判定数进行比较，来判定是否接收该批产品。

逐批检验过程中，任一项目检验未通过，须停止检验，由检验人员做好标记，之后将样品提交返修。返修人员需要查明该产品不合格的原因，提出维修对策。之后针对该产品进行修理，修理后重新检验。若再次出现检验项目未通过，则该产品被判定为不合格产品，由检验人员做好标记，将该产品隔离，同时做好记录。

逐批检验中，本标准技术要求的外观、功能、性能项目，按照 GB/T 2828.1—2012《计数抽样检验程序　第 1 部分：按接收质量限（AQL）检索的逐批检验抽样计划》的规定进行抽样检验，抽样时要按照规定的方法和一定的比例，在产品每批次的不同时间段抽取一定数量的、能代表全批产品质量的样品供检验使用。

 标准条款　**8.4.2**

逐批检验由产品制造单位的质量检验部门负责进行。

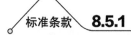

一、目的和意图

本条款对 HSS 产品逐批检验中的检验部门提出要求。

二、条款释义

HSS 产品逐批检验由产品制造单位的质量检验部门负责进行,质量检验部门需要设立专职检验人员。

HSS 产品检验人员需要接受过专业的 HSS 产品系统的知识培训、检验培训等。

第5节 周期检验

标准条款 **8.5.1**

对连续生产的产品每年应至少进行一次周期检验。

条款解读

一、目的和意图

本条款对 HSS 产品周期检验的时限提出要求。

二、条款释义

连续生产的产品,每年至少进行一次周期检验,当设计、工艺改动和元器件、零部件更换时,应重新进行周期检验;检验中出现故障或任一项未通过时,应查明故障原因,提出故障分析报告。经修复后,重新进行该项检验,然后按顺序做后续各项检验。如再次出现故障或某项未通过，再查明故障原因，提出故障分析报告，再经修复后，应重新进行周期检验。在重新进行周期检验又出现某一项未通过的情况时，判定该产品未通过周期检验。

若本周期的周期检验不合格，生产方或供方主管质量部门要认真调查不合格的原因，并报告企业领导或上级主管质量部门。

（1）若因试验设备出故障或操作上的错误造成周期检验不合格，允许重新进行周期检验。

（2）若造成周期检验不合格的错误能立即纠正，允许用纠正错误后制造的产品进行周期检验。

（3）若周期检验不合格的产品能通过筛选的方法剔除或可以修复，允许用经过筛选或修复后的产品进行周期检验。

（4）如果周期检验不合格不属于上述3种情况，那么它代表的产品应暂时停止逐批检验，并将经逐批检验合格入库的产品停止交付订货方，已交付订货方的产品原则上退回供货方或双方协商解决，同时暂时停止该周期检验所代表产品的正常批量生产。

只有在主管质量部门的监督下，采用纠正措施后制造的产品，经周期检验合格后，才能恢复正常批生产和逐批检验。

标准条款 **8.5.2**

应由产品制造单位质量检验部门或上级主管部门指定或委托的通过资质认定的检测机构质量检验单位实施周期检验。

◎ **条款解读**

一、目的和意图

本条款对 HSS 产品周期检验中的检验部门提出要求。

二、条款释义

HSS 产品周期检验由产品制造单位质量检验部门或上级主管部门指定或委

托的通过资质认定的检测机构质量检验单位实施，周期检验需要设立专职检验人员。

HSS 产品检验人员需要接受过专业的 HSS 产品系统的知识培训、检验培训等。

 **8.5.3**

> 根据订货方的要求，产品制造单位应提供产品近期周期检验报告。

条款解读

一、目的和意图

本条款对 HSS 产品周期检验中的近期周期检验报告提出要求。

二、条款释义

对于订货方要求的近期周期检验报告，产品制造单位应及时提供。产品近期周期检验报告的查看主要关注以下几个方面。

（1）报告的基本信息：应关注报告封面上的基本信息，如品名、型号、报告编号、委托单位等，这些信息是识别报告对象和来源的关键。

（2）检测机构的资质：报告中的 CNAS 章和 CMA 章是识别检测机构是否具有国家认可的重要标志。盖 CNAS 章代表该实验室已获得中国合格评定国家认可委员会的批准和授权，盖 CMA 章则表示该实验室已通过中国检测机构和实验室强制性认证，这些信息可以确保报告的权威性和可信度。

（3）检测依据的标准：报告中的标准依据部分指明了检测所依据的具体标准，如 GB/T 41785—2022《磁光电混合存储系统通用规范》等。不同类别的产品测试项目不同，所使用的标准也不同。

（4）测试项目及判定结果：报告中的测试项目及对应的判定结果部分是核心内容。

（5）周期检验的目的：周期检验是判定生产过程中系统因素作用的检验，确保产品的持续符合性和质量稳定性。通过周期检验，可以及时发现和解决生产过程中的问题，保证产品的整体品质。

（6）不合格处理：若周期检验不合格，生产方或供货方应认真查找不合格的原因，并采取相应的纠正措施。这可能包括重新进行周期检验，用纠正错误后制造的产品进行周期检验，或用经过筛选或修复后的产品进行周期检验。

通过上述几个方面，可以全面而系统地理解和分析周期检验报告的内容，从而确保对 HSS 产品质量和安全性的有效监控、管理。

 **8.5.4**

应在逐批检验合格的产品中随机抽取周期检验样品。

◎ 条款解读

一、目的和意图

本条款对 HSS 产品周期检验中的检验样品提出要求。

二、条款释义

影响成品生产批质量的因素有两大类，即系统因素和随机因素。周期检验是判定生产过程中系统因素作用的检验，而逐批检验是判定随机因素作用是否受控的检验，二者的组合是投产和维持正常生产的检验体系。没有周期检验或周期检验不合格的生产系统，其逐批检验是无效的。逐批检验只是周期检验的补充，逐批检验是在通过周期检验消除系统因素影响的基础上，对随机因素作用进行控制的检验。

HSS 周期检验需要从本周期制造的、经过逐批检验合格的某批或某几批产品中抽取样本进行检验；若本周期的周期检验不合格，生产方或供货方主管质量部门需要认真查找不合格的原因，并报告企业或上级主管质量部门。

 **8.5.5**

环境适应性检验的样品，应印有标记，一般不应作为正品出厂。

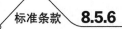 条款解读

一、目的和意图

本条款对 HSS 产品周期检验中的环境适应性检验样品处理提出要求。

二、条款释义

HSS 产品周期检验中环境适应性检验的样品需要标识环境适应性检验样品标记，以防止样品混入正规品中流入市场。

标记过环境适应性检验样品的产品应放置在特定区域内隔离管理。

标准条款 **8.5.6**

检验后应提交周期检验报告。

条款解读

一、目的和意图

为体现周期检验结果，须在检验完成后输出周期检验报告。

二、条款释义

本条款对周期检验报告的内容及格式提出参考要求。周期检验需按照 GB/T 41785—2022《磁光电混合存储系统通用规范》表 6 中的检验项目，根据所依据的具体标准进行逐项检验。周期检验报告内容应包括：报告标题、编号、送检日期、送检单位、产品名称、产品型号、检验项目、检验标准、检验结果和备注。

三、示例说明

磁光电混合存储系统周期检验报告包括基本信息、检验项目、检验标准及检验结果等。图 6-3 给出了一个示例。

磁光电混合存储系统周期检验报告

报告编号：HSS-20230504001   第1页共2页

送检日期	2023年5月4日	送检单位	中国****有限公司
产品名称	磁光电混合存储系统	产品型号	HSS-****

No.	检验项目	检验标准	检验结果	备注
1	外观及安全防护	1.外观应符合以下所有要求： a)表面不应有明显的凹痕、划伤、毛刺和污染； b)表面涂镀层均匀，不应起泡、龟裂、脱落和磨损； c)金属零部件表面不应有锈蚀及其他机械损伤。 2.安全防护应符合以下所有要求： a)设备的活动部件均能锁固，凡有可能伤人的转动部件有防护措施； b)进风口、排风口等有滤尘及防止伤人的保护措施	1.通过☑未通过口 2.通过☑未通过口	
2	数据写入	1.支持通过块、文件、对象等标准存储协议中一种或几种写入数据； 2.支持将数据直接写入第一级存储； 3.支持将数据通过文件存储方式直接写入第二级存储； 4.支持将数据通过第一级存储写入第二级存储	1.通过☑未通过口 2.通过☑未通过口 3.通过☑未通过口 4.通过☑未通过口	
3	数据读取	1.支持通过块、文件、对象等标准存储协议中一种或几种读取数据； 2.支持直接从第一级存储读取数据； 3.支持直接从第二级存储读取数据； 4.支持通过第一级存储读取第二级存储中的数据	1.通过☑未通过口 2.通过口未通过☑ 3.通过口未通过☑ 4.通过☑未通过口	1.数据读取多次中断导致检验失败 2.数据读取超时导致检验失败
4	数据迁移	1.支持迁移策略配置； 2.支持将数据从第一级存储迁移到第二级存储； 3.支持将数据从第二级存储迁移到第一级存储	1.通过口未通过口 2.通过口未通过口 3.通过口未通过口	未实施
5	存储容量	1.第一级存储容量为100TB，实际可用容量与标称容量误差值＜10%； 2.第二级存储容量为1600TB，实际可用容量与标称容量误差值＜10%	1.通过☑未通过口 2.通过☑未通过口	

图6-3　磁光电混合存储系统周期检验报告示例

160

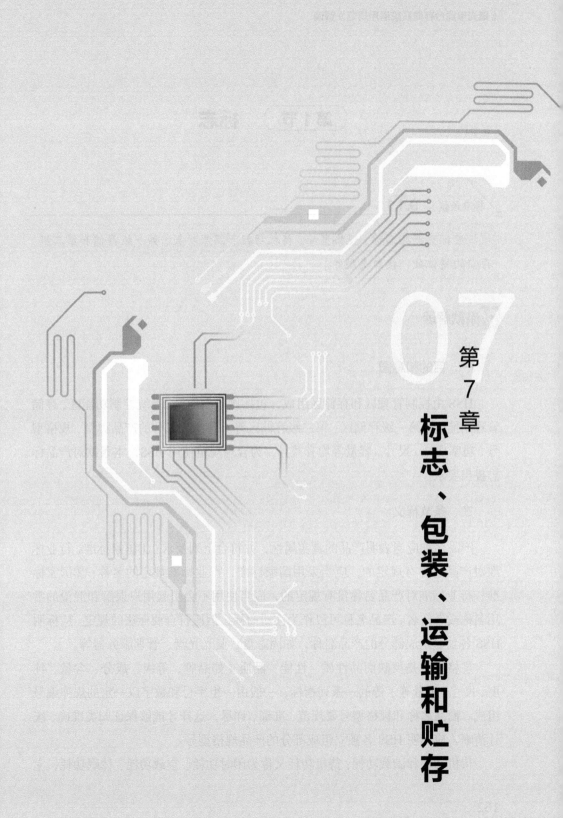

第 7 章

标志、包装、运输和贮存

 标志

应标明产品名称、规格型号、待机功耗和满载功耗、第一级存储和第二级存储的槽位数、接口类型等。

条款解读

一、目的和意图

HSS 由控制管理区和存储区组成，包括接口功能区、系统控制功能区、存储管理功能区、第一级存储区、第二级存储区等。各组成部分的产品类型、规格型号、功率功耗、尺寸、容量等均有差异，为合理规范使用 HSS，本条款对产品标志提出要求。

二、条款释义

产品名称应当表明产品的真实属性，并符合下列要求：①国家标准、行业标准对产品名称有规定的，应当采用国家标准、行业标准规定的名称；②国家标准、行业标准对产品名称没有规定的，应当使用不会引起用户误解和混淆的常用名称或者俗名。产品名称可以作为注册商标，但应符合商标法的规定。应标明 HSS 各独立组成部分的产品名称，如固态盘、蓝光光盘、管理服务器等。

规格型号是反映商品性质、性能、品质（如品牌、等级、成分、含量、纯度、尺寸、重量等）等的一系列指标，一般由一组字母和数字以一定的规律编号组成。商品名称和规格型号要规范、准确、详尽，这样才能够保证归类准确、统计清晰。应标明 HSS 各独立组成部分的产品规格型号。

待机功耗和满载功耗：待机功耗又称为闲时功耗、空载功耗、休眠功耗，它

反映的是电器在未工作状态下仍然消耗电能的大小，通常以瓦特（W）为单位；满载功耗反映的是电器的总功耗与电源的额定容量相等时的状态，即实际功耗等于额定功耗。应标明 HSS 各独立组成部分中电器部分的待机功耗及满载功耗，如标明服务器、网络交换机、蓝光存储设备等的待机功耗与满载功耗，磁盘、固态盘 / 卡、光盘等存储媒体无须标注功耗。

存储槽位数：服务器可插入磁盘、固态盘 / 卡的最大数量，光盘库可插入光盘、光盘匣的最大数量。标明存储槽位数便于计算各级存储可实现的在线 / 近线存储容量上限。

接口类型：包括硬件接口和软件协议。明确标注硬件接口（如 SAS、FC、iSCSI 等）便于各组成部分间物理连接，明确标注软件协议（如 S3、NAS 等）便于数据读取、迁移，以及与其他应用软件进行数据交互。

三、示例说明

蓝光光盘库产品标有产品名称、规格型号、待机功耗和满载功耗、存储的槽位数量、接口类型和制造商信息等，图 7-1 给出了一个示例。

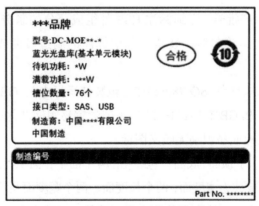

图7-1 ***品牌蓝光光盘库产品标志

 **9.1.2**

包装箱外应标有制造单位名称、地址、产品名称、规格型号、制造日期或生产批号，应喷刷或贴有"易碎物品""怕雨""堆码层数"等运输标志，运输标志及产品的其他标志应符合国家有关规定。

◉ 条款解读

一、目的和意图

运输标志通常由一个简单的几何图形和一些英文字母、数字及简单的文字组成。运输标志的作用是标识货物，使其在运输中迅捷、顺畅和安全地运送到最终目的地，避免出现延误或混乱，并有助于对照单证核查货物。本条款对运输标志提出要求。

二、条款释义

制造单位名称、地址：使用规范中文标注产品制造单位全称、详细地址，若由关联公司制造，根据需要可以同时标注关联公司名称、地址。若需要使用外文标注，只能用英文标注。

产品名称、规格型号：使用规范中文标注产品名称、规格型号等，包装箱标注的产品名称及规格型号应与产品手册保持一致。若需要使用外文标注，只能用英文标注。

制造日期或生产批号：详细标注 HSS 各组成部分的制造日期或生产批号，单体包装、工厂内运输包装、装货包装中标注的制造日期或生产批号须保持一致。

产品的其他标志参考 ISO 780:2015《包装储运标志》、GB/T 191—2008《包装储运图示标志》和 GB/T 18131—2010《国际贸易用标准化运输标志》等相关要求，使用标准图标或易识别无歧义图标。

主要标注面：除了顶面、底面，包装箱的 4 个面中，面积大的两面被称为长度面，面积小的两面被称为宽度面；两个长度面、两个宽度面及顶面是主要标注面。

标注位置：空间较小的小包装箱或扁平箱等，标注在主要标注面中的至少 1 面；包装箱较高，不容易看到顶面时，以及即使不标注对商品管理也无影响时，可以省略顶面的标注。

三、示例说明

由于布局、背景和配色等，运输标志不突出时，可以采用黑白反转或加边框来进行标注。图 7-2 给出了一个示例。

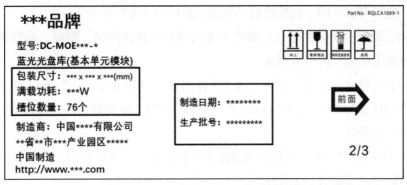

图7-2 ***品牌蓝光光盘库运输标志

 **9.1.3**

包装箱外喷刷或粘贴标志不应受到运输条件和自然条件的影响导致其褪色、变色、脱落。

🔘 条款解读

一、目的和意图

为避免 HSS 在运输、贮存期间，由于空气潮湿、阴雨天气、阳光照射等因素造成标志脱落或残缺，导致搬运错误甚至损坏，本条款对包装箱标志提出相关要求。

二、条款释义

包装箱标志必须按照国家有关部门的规定办理。我国对物资包装箱标记和标志所使用的文字、符号、图形以及使用方法，都有统一的规定。

包装箱外喷刷或粘贴标志必须简明、清晰、易于辨认。包装箱标志要文字少，图案清楚，易于制作，一目了然，方便查对。标志的文字、字母及数字号码的大小应和包装件的标志的尺寸相称，笔画粗细要适当。

涂刷、拴挂、粘贴标志的部位要适当。所有的标志，都应位于搬运、装卸作业时容易看得见的地方。为防止在物流过程中某些标志被抹掉或不清楚而难以辨认，应尽可能在同一包装物的不同部位制作两个相同的标志。

标志要选用明显的颜色。制作标志的颜料应具备耐温、耐晒、耐摩擦等性能，不发生褪色、脱落等现象。

标志的尺寸一般分为 3 种。用于拴挂的标志为 74 mm × 52.5 mm；用于印刷和标打的标志为 105 mm × 74 mm 和 148 mm × 105 mm 两种。特大和特效的包装不受此尺寸限制。

标志的喷涂材料应采用与印刷设备配套的具有生产企业出厂合格证的优质油墨，确保油墨耐磨、无异味。

确保包装箱喷刷或粘贴标志时无气泡、无指纹、无龟裂、无流漆、无脱漆等现象。

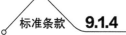

标准条款 9.1.4

产品包装的回收标志应符合 GB/T 18455—2010 的要求。

条款解读

一、目的和意图

HSS 各组成部分的包装材料包括纸、塑料、泡沫和木材等。本条款对包装材料合理回收利用提出相关要求。

二、条款释义

2022 年 7 月 11 日，国家标准化管理委员会和国家市场监督管理总局发布新修订的 GB/T 18455—2022《包装回收标志》，替代 GB/T 18455—2010。与旧标准相比，新标准扩大了适用范围，新增玻璃包装和复合包装；修改和增加了包装回收标志；完善了回收标志的标注要求。

GB/T 18455—2022《包装回收标志》适用于可回收利用的纸、塑料、金属、玻璃及复合材料等包装容器、包装制品或包装组件的设计、生产、贸易和回收活动。该标准规定了回收标志的类型、基本图形和标注要求。同时，为了规范包装回收标志的设计和制作，还规定了标志的尺寸、颜色、数量、位置和标注方法等技术内容。

三、示例说明

常用包装回收标志如表 7-1 所示，具体包装回收标志参照 GB/T 18455—2022《包装回收标志》[12]。

表7-1 常用包装回收标志

材料名称	回收标志	说明
纸		适用于纸盒、纸箱和纸浆模塑等制品，在标志下方可标注"纸"
塑料		左图仅为基本图形
金属		在图形中央标注元素符号，在图形下方标注"铝""铁"等
玻璃		在图形中央标注"GL"代表"玻璃包装"
复合材料		左图仅为基本图形

第2节 包装

标准条款 9.2.1

包装材料应清洁、干燥，酸碱性应符合中性材料包装要求。

条款解读

一、目的和意图

包装分为设备单体包装、用于工厂内运输的包装及装货包装等。本条款对各种包装所使用的材料提出要求。

二、条款释义

包装材料是指为满足产品包装要求所使用的材料，包括金属、塑料、玻璃、陶瓷、纸、竹本、野生蘑类、天然纤维、化学纤维、复合材料等。HSS 产品的包装材料应符合下列要求。

（1）HSS 的各构成部分均包含电气部件，为避免产品在运输、贮存过程中电气部件受环境影响，确保产品开箱使用时各参数指标同出厂检查时一致，要求包装材料应清洁无灰尘、干燥无结露，酸碱性符合中性材料包装要求。

（2）运输与长期保存 HSS 产品时，用防静电材料包好后放入包装箱内，其间尽量避免用手直接接触。当插拔外部连接器的线材时，须采取适当的防静电措施。

标准条款 **9.2.2**

产品应按规定的配件配齐，并附有产品使用说明书、装箱明细表、检查合格证。

🎯 条款解读

一、目的和意图

为确保 HSS 各组成部分硬件连接及工作正常，本条款对配件包装提出要求。

二、条款释义

HSS 由磁盘或 / 和固态盘 / 卡存储系统、光盘存储系统、控制管理系统等组成，各组成部分均需专门的配件，如电源线、数据线、HBA 卡等。

（1）各配件在出厂前须进行质量检查，包括但不限于电磁兼容测试、工作环境测试、老化测试等，须附有检查合格证。

（2）各配件需配置独立包装，须做好防震、防潮、防静电等安全措施。

（3）对于电源线、数据线之外的较为复杂的配件，如电源模块、光盘匣、固态卡等，需配备使用说明书和装箱明细表，或在与其配套使用的设备使用说明书中进行说明。

三、示例说明

第二级存储区装箱明细表如表 7-2 所示。

表7-2 第二级存储区装箱明细表

序号	设备名称	设备明细	型号	数量	单位	箱号
1	蓝光光盘库	蓝光光盘库基本单元	DA-****	1	台	11-1
2	光盘/光盘匣	光盘/光盘匣	DA-*****	2	箱	11-2
3		SAS卡	SAS ****	2	个	11-3
4	配件	电源装置	DA-****	1	个	11-4
5		稳压电源组件	ST-****	1	个	

 **标准条款** **9.2.3**

外包装应有足够的强度确保其在运输途中产品不受到损坏和划伤。

🎯 条款解读

一、目的和意图

为确保 HSS 各组成部分避免运输途中损坏，导致系统无法正常工作，本条款对产品外包装提出要求。

二、条款释义

外包装应有足够的强度，这是确保 HSS 产品安全运输到目的地的基本要求之一。具体来说，外包装的强度应能够抵抗运输中可能遇到的冲击、震动和挤压，以防止货物受损。此外，包装还应具备防潮性、防震性，以及良好的耐热性、耐寒性和耐腐蚀性，这些特性共同作用，确保货物在各种环境条件下都能保持安全。

（1）若使用纸箱外包装，纸箱要求有一定的耐压强度，以确保在运输、贮

169

存过程中堆码在最底层的纸箱可以承受上部物品的压力。详细要求可参照 GB/T 6543—2008《运输包装用单瓦楞纸箱和双瓦楞纸箱》。

（2）若使用木质外包装，需确保木材无腐朽、贯通裂纹、夹皮、虫眼、霉变、钝棱等缺陷。箱板接缝应严密，布钉应合理，加固带不得少于 2 道。详细要求可参照 GB/T 12464—2016《普通木箱》。

（3）外包装跌落、滚动、倾翻、碰撞等相关试验方法及指标可参照 GB/T 4857。对于出口产品，外包装木箱需满足 SN/T 0273—2014《出口商品运输包装木箱检验检疫规程》的相关规定。

第3节　运输

标准条款　9.3　运输

包装后的产品在长途运输时不得装在敞开的船舱和车厢中，中途转运时不得存放在露天仓库中，在运输过程中不允许和易燃、易爆、易腐蚀的物品同车（或其他运输工具），并且产品不允许受雨、雪或液体物质的淋袭与机械损伤。

条款解读

一、目的和意图

为确保 HSS 各组成部分在运输过程中，避免雨雪、阳光、潮湿空气、海水、酸性气体等自然因素及易燃易爆等风险因素的影响，本条款对运输环境提出要求。

二、条款释义

若使用车辆陆地运输，需将外包装放置于密封车厢内，或加盖帆布等遮阳、防水材料；若使用轮船水路运输，需将外包装放置于集装箱内，并做好防水措施；若使用飞机航空运输，需做好包装固定，避免撞击损伤。

中途转运时，需将外包装放置于平整、干燥、无粉尘、温度 10 ～ 30 ℃、相对湿度 30% ～ 70% 的仓库内，禁止放置于露天环境。

易燃易爆产品包括爆炸品（火药、烟花爆竹等）、易燃液体（煤油、汽油、松节油等）、压缩气体（二氧化碳、液化石油气、氨、氯等）、自燃物品（动植物油、煤、木炭、干枯植物等），具体参照《易燃易爆化学物品消防安全监督管理品名表》；有腐蚀性的化学物品具有强烈的腐蚀性、毒性、易燃性和氧化性，包括酸性腐蚀品、碱性腐蚀品等，如硫酸、硝酸、高氯酸、氢氧化钠、硫氢化钙等。

第4节　贮存

 **9.4.1**

产品贮存时应存放在原包装箱内。

⊙ 条款解读

一、目的和意图

HSS 由多个部分组成。为确保整套系统完整部署，本条款对贮存环境提出要求。

二、条款释义

HSS 在出厂检查完成后即进行包装封装，为避免在运输、贮存期间打开外包装，造成配件缺失、损害等，在 HSS 进行上架安装之前，应确保物品存放在原包装箱内，禁止打开。

 **9.4.2**

存放产品的仓库应符合以下要求：

a）不应有各种有害气体、易燃、易爆的产品及有腐蚀性的化学物品；

b）不应有强烈的机械振动、冲击和强磁场作用；

c）包装箱距离地面不应少于 10 cm，距离墙壁、热源、冷源、窗口或空气入口不应少于 50 cm；

d）无其他规定时，贮存期一般应为 6 个月；

e）在生产单位存放超过 6 个月，应重新进行逐批检验。

条款解读

一、目的和意图

HSS 各组成部分均含有电子元器件。为确保在贮存期间，各元器件及存储媒体不因环境因素导致工作异常，参照 GB/T 4798.1—2019《环境条件分类　环境参数组分类及其严酷程度分级　第 1 部分：贮存》相关规定，本条款对存放产品的仓库提出要求。

二、条款释义

有害气体指在一般或一定条件下有损人体健康或危害作业安全的气体，包括有毒气体、可燃性气体和窒息性气体，如硫化氢、氰化氢、一氧化碳、二氧化硫、甲烷、氡等，具体参照生态环境部和国家卫生健康委员会发布的《有毒有害大气污染物名录（2018 年）》；易燃易爆产品包括爆炸品（火药、烟花爆竹等）、易燃液体（煤油、汽油、松节油等）、压缩气体（二氧化碳、液化石油气、氨、氯等）、自燃物品（动植物油、煤、木炭、干枯植物等），具体参照《易燃易爆化学物品消防安全监督管理品名表》；有腐蚀性的化学物品具有强烈的腐蚀性、毒性、易燃性和氧化性，包括酸性腐蚀品、碱性腐蚀品等，如硫酸、硝酸、高氯酸、氢氧化钠、硫氢化钙等。

HSS 中的存储系统均为精密设备，第一级存储区的存储媒体为磁盘或/和固态盘/卡，若受到机械振动、冲击和强磁场作用，可能导致损坏，应确保存放仓库避免出现这些影响因素。

设备贮存时应严格按包装箱上所标示的方向放置。包装箱与地面之间保持一定的距离，可以防止地面湿气上升，影响包装箱内的产品。保持包装箱与墙壁、热源等至少 50 cm 的距离，可以减少外部压力对包装箱的挤压和热源带来的影响。

　　不同等级的元器件贮存的适宜温湿度参数不同，贮存期限也不同。电子元器件、塑胶件的有效储存期为 12 个月，五金件的有效储存期为 6 个月。为避免长期存放导致系统运行异常，要求产品最长贮存期一般不超过 6 个月。

　　若特殊原因导致在生产单位贮存期超过 6 个月，须对所有组成部分、配件重新逐批检验，确保各参数指标符合使用要求。

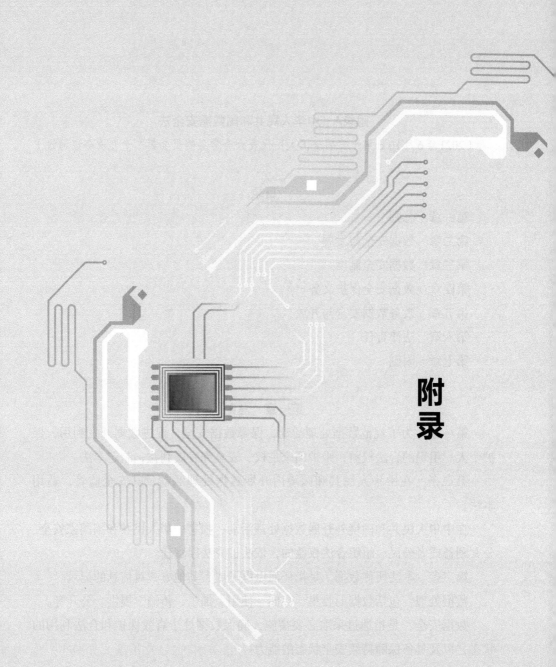

附 录

附录A 中华人民共和国数据安全法

（2021年6月10日第十三届全国人民代表大会常务委员会第二十九次会议通过）

目录

第一章 总则

第一条 为了规范数据处理活动，保障数据安全，促进数据开发利用，保护个人、组织的合法权益，维护国家主权、安全和发展利益，制定本法。

第二条 在中华人民共和国境内开展数据处理活动及其安全监管，适用本法。

在中华人民共和国境外开展数据处理活动，损害中华人民共和国国家安全、公共利益或者公民、组织合法权益的，依法追究法律责任。

第三条 本法所称数据，是指任何以电子或者其他方式对信息的记录。

数据处理，包括数据的收集、存储、使用、加工、传输、提供、公开等。

数据安全，是指通过采取必要措施，确保数据处于有效保护和合法利用的状态，以及具备保障持续安全状态的能力。

第四条 维护数据安全，应当坚持总体国家安全观，建立健全数据安全治理体系，提高数据安全保障能力。

第五条 中央国家安全领导机构负责国家数据安全工作的决策和议事协调，研究制定、指导实施国家数据安全战略和有关重大方针政策，统筹协调国家数据安全的重大事项和重要工作，建立国家数据安全工作协调机制。

第六条 各地区、各部门对本地区、本部门工作中收集和产生的数据及数据安全负责。

工业、电信、交通、金融、自然资源、卫生健康、教育、科技等主管部门承担本行业、本领域数据安全监管职责。

公安机关、国家安全机关等依照本法和有关法律、行政法规的规定，在各自职责范围内承担数据安全监管职责。

国家网信部门依照本法和有关法律、行政法规的规定，负责统筹协调网络数据安全和相关监管工作。

第七条 国家保护个人、组织与数据有关的权益，鼓励数据依法合理有效利用，保障数据依法有序自由流动，促进以数据为关键要素的数字经济发展。

第八条 开展数据处理活动，应当遵守法律、法规，尊重社会公德和伦理，遵守商业道德和职业道德，诚实守信，履行数据安全保护义务，承担社会责任，不得危害国家安全、公共利益，不得损害个人、组织的合法权益。

第九条 国家支持开展数据安全知识宣传普及，提高全社会的数据安全保护意识和水平，推动有关部门、行业组织、科研机构、企业、个人等共同参与数据安全保护工作，形成全社会共同维护数据安全和促进发展的良好环境。

第十条 相关行业组织按照章程，依法制定数据安全行为规范和团体标准，加强行业自律，指导会员加强数据安全保护，提高数据安全保护水平，促进行业健康发展。

第十一条 国家积极开展数据安全治理、数据开发利用等领域的国际交流与合作，参与数据安全相关国际规则和标准的制定，促进数据跨境安全、自由流动。

第十二条 任何个人、组织都有权对违反本法规定的行为向有关主管部门投诉、举报。收到投诉、举报的部门应当及时依法处理。

有关主管部门应当对投诉、举报人的相关信息予以保密，保护投诉、举报人的合法权益。

第二章　数据安全与发展

第十三条 国家统筹发展和安全，坚持以数据开发利用和产业发展促进数据安全，以数据安全保障数据开发利用和产业发展。

第十四条　国家实施大数据战略，推进数据基础设施建设，鼓励和支持数据在各行业、各领域的创新应用。

省级以上人民政府应当将数字经济发展纳入本级国民经济和社会发展规划，并根据需要制定数字经济发展规划。

第十五条　国家支持开发利用数据提升公共服务的智能化水平。提供智能化公共服务，应当充分考虑老年人、残疾人的需求，避免对老年人、残疾人的日常生活造成障碍。

第十六条　国家支持数据开发利用和数据安全技术研究，鼓励数据开发利用和数据安全等领域的技术推广和商业创新，培育、发展数据开发利用和数据安全产品、产业体系。

第十七条　国家推进数据开发利用技术和数据安全标准体系建设。国务院标准化行政主管部门和国务院有关部门根据各自的职责，组织制定并适时修订有关数据开发利用技术、产品和数据安全相关标准。国家支持企业、社会团体和教育、科研机构等参与标准制定。

第十八条　国家促进数据安全检测评估、认证等服务的发展，支持数据安全检测评估、认证等专业机构依法开展服务活动。

国家支持有关部门、行业组织、企业、教育和科研机构、有关专业机构等在数据安全风险评估、防范、处置等方面开展协作。

第十九条　国家建立健全数据交易管理制度，规范数据交易行为，培育数据交易市场。

第二十条　国家支持教育、科研机构和企业等开展数据开发利用技术和数据安全相关教育和培训，采取多种方式培养数据开发利用技术和数据安全专业人才，促进人才交流。

第三章　数据安全制度

第二十一条　国家建立数据分类分级保护制度，根据数据在经济社会发展中的重要程度，以及一旦遭到篡改、破坏、泄露或者非法获取、非法利用，对国家安全、公共利益或者个人、组织合法权益造成的危害程度，对数据实行分类分级保护。国家数据安全工作协调机制统筹协调有关部门制定重要数据目录，加强对重要数据的保护。

关系国家安全、国民经济命脉、重要民生、重大公共利益等数据属于国家核

心数据，实行更加严格的管理制度。

各地区、各部门应当按照数据分类分级保护制度，确定本地区、本部门以及相关行业、领域的重要数据具体目录，对列入目录的数据进行重点保护。

第二十二条　国家建立集中统一、高效权威的数据安全风险评估、报告、信息共享、监测预警机制。国家数据安全工作协调机制统筹协调有关部门加强数据安全风险信息的获取、分析、研判、预警工作。

第二十三条　国家建立数据安全应急处置机制。发生数据安全事件，有关主管部门应当依法启动应急预案，采取相应的应急处置措施，防止危害扩大，消除安全隐患，并及时向社会发布与公众有关的警示信息。

第二十四条　国家建立数据安全审查制度，对影响或者可能影响国家安全的数据处理活动进行国家安全审查。

依法作出的安全审查决定为最终决定。

第二十五条　国家对与维护国家安全和利益、履行国际义务相关的属于管制物项的数据依法实施出口管制。

第二十六条　任何国家或者地区在与数据和数据开发利用技术等有关的投资、贸易等方面对中华人民共和国采取歧视性的禁止、限制或者其他类似措施的，中华人民共和国可以根据实际情况对该国家或者地区对等采取措施。

第四章　数据安全保护义务

第二十七条　开展数据处理活动应当依照法律、法规的规定，建立健全全流程数据安全管理制度，组织开展数据安全教育培训，采取相应的技术措施和其他必要措施，保障数据安全。利用互联网等信息网络开展数据处理活动，应当在网络安全等级保护制度的基础上，履行上述数据安全保护义务。

重要数据的处理者应当明确数据安全负责人和管理机构，落实数据安全保护责任。

第二十八条　开展数据处理活动以及研究开发数据新技术，应当有利于促进经济社会发展，增进人民福祉，符合社会公德和伦理。

第二十九条　开展数据处理活动应当加强风险监测，发现数据安全缺陷、漏洞等风险时，应当立即采取补救措施；发生数据安全事件时，应当立即采取处置措施，按照规定及时告知用户并向有关主管部门报告。

第三十条　重要数据的处理者应当按照规定对其数据处理活动定期开展风

险评估，并向有关主管部门报送风险评估报告。

风险评估报告应当包括处理的重要数据的种类、数量，开展数据处理活动的情况，面临的数据安全风险及其应对措施等。

第三十一条　关键信息基础设施的运营者在中华人民共和国境内运营中收集和产生的重要数据的出境安全管理，适用《中华人民共和国网络安全法》的规定；其他数据处理者在中华人民共和国境内运营中收集和产生的重要数据的出境安全管理办法，由国家网信部门会同国务院有关部门制定。

第三十二条　任何组织、个人收集数据，应当采取合法、正当的方式，不得窃取或者以其他非法方式获取数据。

法律、行政法规对收集、使用数据的目的、范围有规定的，应当在法律、行政法规规定的目的和范围内收集、使用数据。

第三十三条　从事数据交易中介服务的机构提供服务，应当要求数据提供方说明数据来源，审核交易双方的身份，并留存审核、交易记录。

第三十四条　法律、行政法规规定提供数据处理相关服务应当取得行政许可的，服务提供者应当依法取得许可。

第三十五条　公安机关、国家安全机关因依法维护国家安全或者侦查犯罪的需要调取数据，应当按照国家有关规定，经过严格的批准手续，依法进行，有关组织、个人应当予以配合。

第三十六条　中华人民共和国主管机关根据有关法律和中华人民共和国缔结或者参加的国际条约、协定，或者按照平等互惠原则，处理外国司法或者执法机构关于提供数据的请求。非经中华人民共和国主管机关批准，境内的组织、个人不得向外国司法或者执法机构提供存储于中华人民共和国境内的数据。

第五章　政务数据安全与开放

第三十七条　国家大力推进电子政务建设，提高政务数据的科学性、准确性、时效性，提升运用数据服务经济社会发展的能力。

第三十八条　国家机关为履行法定职责的需要收集、使用数据，应当在其履行法定职责的范围内依照法律、行政法规规定的条件和程序进行；对在履行职责中知悉的个人隐私、个人信息、商业秘密、保密商务信息等数据应当依法予以保密，不得泄露或者非法向他人提供。

第三十九条　国家机关应当依照法律、行政法规的规定，建立健全数据安全管理制度，落实数据安全保护责任，保障政务数据安全。

第四十条　国家机关委托他人建设、维护电子政务系统，存储、加工政务数据，应当经过严格的批准程序，并应当监督受托方履行相应的数据安全保护义务。受托方应当依照法律、法规的规定和合同约定履行数据安全保护义务，不得擅自留存、使用、泄露或者向他人提供政务数据。

第四十一条　国家机关应当遵循公正、公平、便民的原则，按照规定及时、准确地公开政务数据。依法不予公开的除外。

第四十二条　国家制定政务数据开放目录，构建统一规范、互联互通、安全可控的政务数据开放平台，推动政务数据开放利用。

第四十三条　法律、法规授权的具有管理公共事务职能的组织为履行法定职责开展数据处理活动，适用本章规定。

第六章　法律责任

第四十四条　有关主管部门在履行数据安全监管职责中，发现数据处理活动存在较大安全风险的，可以按照规定的权限和程序对有关组织、个人进行约谈，并要求有关组织、个人采取措施进行整改，消除隐患。

第四十五条　开展数据处理活动的组织、个人不履行本法第二十七条、第二十九条、第三十条规定的数据安全保护义务的，由有关主管部门责令改正，给予警告，可以并处五万元以上五十万元以下罚款，对直接负责的主管人员和其他直接责任人员可以处一万元以上十万元以下罚款；拒不改正或者造成大量数据泄露等严重后果的，处五十万元以上二百万元以下罚款，并可以责令暂停相关业务、停业整顿、吊销相关业务许可证或者吊销营业执照，对直接负责的主管人员和其他直接责任人员处五万元以上二十万元以下罚款。

违反国家核心数据管理制度，危害国家主权、安全和发展利益的，由有关主管部门处二百万元以上一千万元以下罚款，并根据情况责令暂停相关业务、停业整顿、吊销相关业务许可证或者吊销营业执照；构成犯罪的，依法追究刑事责任。

第四十六条　违反本法第三十一条规定，向境外提供重要数据的，由有关主管部门责令改正，给予警告，可以并处十万元以上一百万元以下罚款，对直接负责的主管人员和其他直接责任人员可以处一万元以上十万元以下罚款；情节严重的，处一百万元以上一千万元以下罚款，并可以责令暂停相关业务、停業整顿、吊销相关业务许可证或者吊销营业执照，对直接负责的主管人员和其他直接责任人员处十万元以上一百万元以下罚款。

第四十七条　从事数据交易中介服务的机构未履行本法第三十三条规定的义务的，由有关主管部门责令改正，没收违法所得，处违法所得一倍以上十倍以下罚款，没有违法所得或者违法所得不足十万元的，处十万元以上一百万元以下罚款，并可以责令暂停相关业务、停业整顿、吊销相关业务许可证或者吊销营业执照；对直接负责的主管人员和其他直接责任人员处一万元以上十万元以下罚款。

第四十八条　违反本法第三十五条规定，拒不配合数据调取的，由有关主管部门责令改正，给予警告，并处五万元以上五十万元以下罚款，对直接负责的主管人员和其他直接责任人员处一万元以上十万元以下罚款。

违反本法第三十六条规定，未经主管机关批准向外国司法或者执法机构提供数据的，由有关主管部门给予警告，可以并处十万元以上一百万元以下罚款，对直接负责的主管人员和其他直接责任人员可以处一万元以上十万元以下罚款；造成严重后果的，处一百万元以上五百万元以下罚款，并可以责令暂停相关业务、停业整顿、吊销相关业务许可证或者吊销营业执照，对直接负责的主管人员和其他直接责任人员处五万元以上五十万元以下罚款。

第四十九条　国家机关不履行本法规定的数据安全保护义务的，对直接负责的主管人员和其他直接责任人员依法给予处分。

第五十条　履行数据安全监管职责的国家工作人员玩忽职守、滥用职权、徇私舞弊的，依法给予处分。

第五十一条　窃取或者以其他非法方式获取数据，开展数据处理活动排除、限制竞争，或者损害个人、组织合法权益的，依照有关法律、行政法规的规定处罚。

第五十二条　违反本法规定，给他人造成损害的，依法承担民事责任。

违反本法规定，构成违反治安管理行为的，依法给予治安管理处罚；构成犯罪的，依法追究刑事责任。

第七章　附则

第五十三条　开展涉及国家秘密的数据处理活动，适用《中华人民共和国保守国家秘密法》等法律、行政法规的规定。

在统计、档案工作中开展数据处理活动，开展涉及个人信息的数据处理活动，还应当遵守有关法律、行政法规的规定。

第五十四条　军事数据安全保护的办法，由中央军事委员会依据本法另行制定。

第五十五条　本法自 2021 年 9 月 1 日起施行。

附录B　"十四五"大数据产业发展规划

目　录

数据是新时代重要的生产要素,是国家基础性战略资源。大数据是数据的集合,以容量大、类型多、速度快、精度准、价值高为主要特征,是推动经济转型发展的新动力,是提升政府治理能力的新途径,是重塑国家竞争优势的新机遇。大数据产业是以数据生成、采集、存储、加工、分析、服务为主的战略性新兴产业,是激活数据要素潜能的关键支撑,是加快经济社会发展质量变革、效率变革、动力变革的重要引擎。

"十四五"时期是我国工业经济向数字经济迈进的关键时期,对大数据产业发展提出了新的要求,产业将步入集成创新、快速发展、深度应用、结构优化的新阶段。为推动我国大数据产业高质量发展,按照《中华人民共和国国民经济和社会发展第十四个五年规划和2035年远景目标纲要》总体部署,编制本规划。

一、发展成效

"十三五"时期,我国大数据产业快速起步。据测算,产业规模年均复合增长率超过30%,2020年超过1万亿元,发展取得显著成效,逐渐成为支撑我国经济社会发展的优势产业。

政策体系逐步完善。党中央、国务院围绕数字经济、数据要素市场、国家一体化大数据中心布局等作出一系列战略部署,建立促进大数据发展部际联席会议制度。有关部委出台了20余份大数据政策文件,各地方出台了300余项相关政策,23个省区市、14个计划单列市和副省级城市设立了大数据管理机构,央地协同、区域联动的大数据发展推进体系逐步形成。

产业基础日益巩固。数据资源极大丰富,总量位居全球前列。产业创新日渐活跃,成为全球第二大相关专利受理国,专利受理总数全球占比近20%。基础设施不断夯实,建成全球规模最大的光纤网络和4G网络,5G终端连接数超过2亿,位居世界第一。标准体系逐步完善,33项国家标准立项,24项发布。

产业链初步形成。围绕"数据资源、基础硬件、通用软件、行业应用、安全保障"的大数据产品和服务体系初步形成,全国遴选出338个大数据优秀产品和解决方案,以及400个大数据典型试点示范。行业融合逐步深入,大数据应用从互联网、金融、电信等数据资源基础较好的领域逐步向智能制造、数字社会、数字政府等领域拓展,并在疫情防控和复工复产中发挥了关键支撑作用。

生态体系持续优化。区域集聚成效显著,建设了8个国家大数据综合试验区和11个大数据领域国家新型工业化产业示范基地。一批大数据龙头企业快速崛起，初步形成了大企业引领、中小企业协同、创新企业不断涌现的发展格局。产业支撑能力不断提升，咨询服务、评估测试等服务保障体系基本建立。数字营商环境持续优化，电子政务在线服务指数跃升至全球第 9 位，进入世界领先梯队。

"十三五"时期我国大数据产业取得了重要突破，但仍然存在一些制约因素。**一是**社会认识不到位，"用数据说话、用数据决策、用数据管理、用数据创新"的大数据思维尚未形成，企业数据管理能力偏弱。**二是**技术支撑不够强，基础软硬件、开源框架等关键领域与国际先进水平存在一定差距。**三是**市场体系不健全，数据资源产权、交易流通等基础制度和标准规范有待完善，多源数据尚未打通，数据壁垒突出，碎片化问题严重。**四是**安全机制不完善，数据安全产业支撑能力不足，敏感数据泄露、违法跨境数据流动等隐患依然存在。

二、面临形势

抢抓新时代产业变革新机遇的战略选择。面对世界百年未有之大变局，各国普遍将大数据产业作为经济社会发展的重点，通过出台"数字新政"、强化机构设置、加大资金投入等方式，抢占大数据产业发展制高点。我国要抢抓数字经济发展新机遇，坚定不移实施国家大数据战略，充分发挥大数据产业的引擎作用，以大数据产业的先发优势带动千行百业整体提升，牢牢把握发展主动权。

呈现集成创新和泛在赋能的新趋势。新一轮科技革命蓬勃发展，大数据与5G、云计算、人工智能、区块链等新技术加速融合，重塑技术架构、产品形态和服务模式，推动经济社会的全面创新。各行业各领域数字化进程不断加快，基于大数据的管理和决策模式日益成熟，为产业提质降本增效、政府治理体系和治理能力现代化广泛赋能。

构建新发展格局的现实需要。发挥数据作为新生产要素的乘数效应，以数据流引领技术流、物质流、资金流、人才流，打通生产、分配、流通、消费各环节，促进资源要素优化配置。发挥大数据产业的动力变革作用，加速国内国际、生产生活、线上线下的全面贯通，驱动管理机制、组织形态、生产方式、商业模式的深刻变革，为构建新发展格局提供支撑。

三、总体要求

（一）指导思想

以习近平新时代中国特色社会主义思想为指导，深入贯彻党的十九大和十九届二中、三中、四中、五中、六中全会精神，立足新发展阶段，完整、准确、全面贯彻新发展理念，构建新发展格局，以推动高质量发展为主题，以供给侧结构性改革为主线，以释放数据要素价值为导向，围绕夯实产业发展基础，着力推动数据资源高质量、技术创新高水平、基础设施高效能，围绕构建稳定高效产业链，着力提升产业供给能力和行业赋能效应，统筹发展和安全，培育自主可控和开放合作的产业生态，打造数字经济发展新优势，为建设制造强国、网络强国、数字中国提供有力支撑。

（二）基本原则

价值引领。坚持数据价值导向和市场化机制，优化资源配置，充分发挥大数据的乘数效应，采好数据、管好数据、用好数据，激发产业链各环节潜能，以价值链引领产业链、创新链，推动产业高质量发展。

基础先行。坚持固根基、扬优势、补短板、强弱项并重，强化标准引领和技术创新，聚焦存储、计算、传输等重要环节，适度超前布局数字基础设施，推动产业基础高级化。

系统推进。坚持产业链各环节齐头并进、统筹发展，围绕数字产业化和产业数字化，系统布局，生态培育，加强技术、产品和服务协同，推动产业链现代化。

融合创新。坚持大数据与经济社会深度融合，带动全要素生产率提升和数据资源共享，促进产业转型升级，提高政府治理效能，加快数字社会建设。

安全发展。坚持安全是发展的前提，发展是安全的保障，安全和发展并重，切实保障国家数据安全，全面提升发展的持续性和稳定性，实现发展质量、规模、效益、安全相统一。

开放合作。坚持引进来和走出去，遵循产业发展规律，把握全球数字经济发展方向，不断完善利益共享、风险共担、兼顾各方的合作机制。

（三）发展目标

产业保持高速增长。到 2025 年，大数据产业测算规模突破 3 万亿元，年均复合增长率保持在 25% 左右，创新力强、附加值高、自主可控的现代化大数据产业体系基本形成。

价值体系初步形成。数据要素价值评估体系初步建立，要素价格市场决定，数据流动自主有序，资源配置高效公平，培育一批较成熟的交易平台，市场机制基本形成。

产业基础持续夯实。关键核心技术取得突破，标准引领作用显著增强，形成一批优质大数据开源项目，存储、计算、传输等基础设施达到国际先进水平。

产业链稳定高效。数据采集、标注、存储、传输、管理、应用、安全等全生命周期产业体系统筹发展，与创新链、价值链深度融合，新模式新业态不断涌现，形成一批技术领先、应用广泛的大数据产品和服务。

产业生态良性发展。社会对大数据认知水平不断提升，企业数据管理能力显著增强，发展环境持续优化，形成具有国际影响力的数字产业集群，国际交流合作全面深化。

四、主要任务

（一）加快培育数据要素市场

建立数据要素价值体系。按照数据性质完善产权性质，建立数据资源产权、交易流通、跨境传输和安全等基础制度和标准规范，健全数据产权交易和行业自律机制。制定数据要素价值评估框架和评估指南，包括价值核算的基本准则、方法和评估流程等。在互联网、金融、通信、能源等数据管理基础好的领域，开展数据要素价值评估试点，总结经验，开展示范。

健全数据要素市场规则。推动建立市场定价、政府监管的数据要素市场机制，发展数据资产评估、登记结算、交易撮合、争议仲裁等市场运营体系。培育大数据交易市场，鼓励各类所有制企业参与要素交易平台建设，探索多种形式的数据交易模式。强化市场监管，健全风险防范处置机制。建立数据要素应急配置机制，提高应急管理、疫情防控、资源调配等紧急状态下的数据要素高效协同配置能力。

提升数据要素配置作用。加快数据要素化，开展要素市场化配置改革试点示范，发挥数据要素在联接创新、激活资金、培育人才等的倍增作用，培育数据驱动的产融合作、协同创新等新模式。推动要素数据化，引导各类主体提升数据驱动的生产要素配置能力，促进劳动力、资金、技术等要素在行业间、产业间、区域间的合理配置，提升全要素生产率。

（二）发挥大数据特性优势

加快数据"大体量"汇聚。支持企业通过升级信息系统、部署物联感知设备等方式，推动研发、生产、经营、服务等全环节数据的采集。开展国家数据资源调查，绘制国家数据资源图谱。建立多级联动的国家工业基础大数据库和原材料、装备、消费品、电子信息等行业数据库，推动工业数据全面汇聚。

强化数据"多样性"处理。提升数值、文本、图形图像、音频视频等多类型数据的多样化处理能力。促进多维度异构数据关联，创新数据融合模式，提升多模态数据的综合处理水平，通过数据的完整性提升认知的全面性。建设行业数据资源目录，推动跨层级、跨地域、跨系统、跨部门、跨业务数据融合和开发利用。

推动数据"时效性"流动。建立数据资源目录和数据资源动态更新机制，适应数据动态更新的需要。率先在工业等领域建设安全可信的数据共享空间，形成供需精准对接、及时响应的数据共享机制，提升高效共享数据的能力。发展云边端协同的大数据存算模式，支撑大数据高效传输与分发，提升数据流动效率。

加强数据"高质量"治理。围绕数据全生命周期，通过质量监控、诊断评估、清洗修复、数据维护等方式，提高数据质量，确保数据可用、好用。完善数据管理能力评估体系，实施数据安全管理认证制度，推动《数据管理能力成熟度评估模型》（以下简称DCMM）、数据安全管理等国家标准贯标，持续提升企事业单位数据管理水平。强化数据分类分级管理，推动数据资源规划，打造分类科学、分级准确、管理有序的数据治理体系，促进数据真实可信。

专栏1　数据治理能力提升行动

提升企业数据管理能力。引导企业开展 DCMM 国家标准贯标，面向制造、能源、金融等重点领域征集数据管理优秀案例，做好宣传推广。鼓励有条件的地方出台政策措施，在资金补贴、人员培训、贯标试点等方面加大资金支持。

构建行业数据治理体系。鼓励开展数据治理相关技术、理论、工具及标准研究，构建涵盖规划、实施、评价、改进的数据治理体系，增强企业数据治理意识。培育数据治理咨询和解决方案服务能力，提升行业数据治理水平。

促进数据"高价值"转化。强化大数据在政府治理、社会管理等方面的应用，提升态势研判、科学决策、精准管理水平，降低外部环境不确定性，提升各类主体风险应对能力。强化大数据在制造业各环节应用，持续优化设计、制造、管理、服务全过程，推广数字样机、柔性制造、商业智能、预测性维护等新模式，推动生产方式变革。强化大数据在信息消费、金融科技等领域应用，推广精准画像、智能推介等新模式，推动商业模式创新。

（三）夯实产业发展基础

完善基础设施。 全面部署新一代通信网络基础设施，加大 5G 网络和千兆光网建设力度。结合行业数字化转型和城市智能化发展，加快工业互联网、车联网、智能管网、智能电网等布局，促进全域数据高效采集和传输。加快构建全国一体化大数据中心体系，推进国家工业互联网大数据中心建设，强化算力统筹智能调度，建设若干国家枢纽节点和大数据中心集群。建设高性能计算集群，合理部署超级计算中心。

加强技术创新。 重点提升数据生成、采集、存储、加工、分析、安全与隐私保护等通用技术水平。补齐关键技术短板，重点强化自主基础软硬件的底层支撑能力，推动自主开源框架、组件和工具的研发，发展大数据开源社区，培育开源生态，全面提升技术攻关和市场培育能力。促进前沿领域技术融合，推动大数据与人工智能、区块链、边缘计算等新一代信息技术集成创新。

强化标准引领。 协同推进国家标准、行业标准和团体标准，加快技术研发、产品服务、数据治理、交易流通、行业应用等关键标准的制修订。建立大数据领域国家级标准验证检验检测点，选择重点行业、领域、地区开展标准试验验证和试点示范，健全大数据标准符合性评测体系，加快标准应用推广。加强国内外大数据标准化组织间的交流合作，鼓励企业、高校、科研院所、行业组织等积极参与大数据国际标准制定。

专栏2　重点标准研制及应用推广行动

　　加快重点标准研制。 围绕大数据产业发展需求，加快数据开放接口与互操作、数据资源规划、数据治理、数据资产评估、数据服务、数字化转型、数据安全等基础通用标准以及工业大数据等重点应用领域相关国家标准、行业标准研制。
　　加强标准符合性评测体系建设。 加大对大数据系统、数据管理、数据开放共享等重点国家标准的推广宣贯。推动培育涵盖数据产品评测、数据资源规划、数据治理实施、数据资产评估、数据服务能力等的标准符合性评测体系。
　　加速国际标准化进程。 鼓励国内专家积极参与 ISO、IEC、ITU 等国际标准化组织工作，加快推进国际标准提案。加强国际标准适用性分析，鼓励开展优秀国际标准采标。支持相关单位参与国际标准化工作并承担相关职务，承办国际标准化活动，提升国际贡献率。

（四）构建稳定高效产业链

打造高端产品链。 梳理数据生成、采集、存储、加工、分析、服务、安全等关键环节大数据产品，建立大数据产品图谱。在数据生成采集环节，着重提升产品的异构数据源兼容性、大规模数据集采集与加工效率。在数据存储加工环节，着重推动高性能存算系统和边缘计算系统研发，打造专用超融合硬件解决方案。在数据分析服务环节，着重推动多模数据管理、大数据分析与治理等系统的研发和应用。

创新优质服务链。 围绕数据清洗、数据标注、数据分析、数据可视化等需求，加快大数据服务向专业化、工程化、平台化发展。创新大数据服务模式和业态，发展智能服务、价值网络协作、开发运营一体化等新型服务模式。鼓励企业开放搜索、电商、社交等数据，发展第三方大数据服务产业。围绕诊断咨询、架构设计、系统集成、运行维护等综合服务需求，培育优质大数据服务供应商。

优化工业价值链。 以制造业数字化转型为引领，面向研发设计、生产制造、经营管理、销售服务等全流程，培育专业化、场景化大数据解决方案。构建多层次工业互联网平台体系，丰富平台数据库、算法库和知识库，培育发展一批面向细分场景的工业 APP。推动工业大数据深度应用，培育数据驱动的平台化设计、网络化协同、个性化定制、智能化生产、服务化延伸、数字化管理等新模式，规范发展零工经济、共享制造、工业电子商务、供应链金融等新业态。

专栏3　工业大数据价值提升行动

　　原材料行业大数据。 支持钢铁、石油、管网、危险化学品、有色、建材等原材料企业综合运用设备物联、生产经营和外部环境等数据，建立分析模型，提升资源勘探、开采、加工、储存、运输等全流程智能化、精准化水平，实现工艺优化、节能减排和安全生产。

　　装备制造行业大数据。 支持装备制造企业打通研发、采购、制造、管理、售后等全价值链数据流，发展数据驱动的产品研发、仿真优化、智能生产、预测性维护、精准管理、远程运维等新模式新业态，提升产品质量，降低生产成本，加快服务化创新升级。

　　消费品行业大数据。 支持消费品企业打通线上线下全域数据，开发个性化推荐算法，实现产品定制化生产、渠道精细化运营，促进供需精准对接。支持企业建立覆盖全流程的质量追溯数据库，加快与国家产品质量监督平台对接，实现产品质量可追溯可管理。

　　电子信息行业大数据。 支持电子信息制造企业加快大数据在产品销售预测与需求管理、产品生产计划与排程、供应链分析与优化、产品质量管理与分析等全流程场景中的应用，加速产品迭代创新，优化生产流程，提升产品质量，保证产业链供应链的稳定性。

延伸行业价值链。 加快建设行业大数据平台，提升数据开发利用水平，推动行业数据资产化、产品化，实现数据的再创造和价值提升。打造服务政府、服务社会、服务企业的成熟应用场景，以数据创新带动管理创新和模式创新，促进金融科技、智慧医疗等蓬勃发展。持续开展大数据产业发展试点示范，推动大数据与各行业各领域融合应用，加大对优秀应用解决方案的推广力度。

专栏4　行业大数据开发利用行动

通信大数据。加快5G网络规模化部署，推广升级千兆光纤网络。扩容骨干网互联节点，新设一批国际通信出入口。在多震地区提高公共通信设施抗震能力，强化山区"超级基站"建设，规划布局储备移动基站，提高通信公网抗毁能力。对内强化数据开发利用和安全治理能力，提升企业经营管理效率，对外赋能行业应用，支持市场监管。

金融大数据。通过大数据精算、统计和模型构建，助力完善现代金融监管体系，补齐监管制度短板，在审慎监管前提下有序推进金融创新。优化风险识别、授信评估等模型，提升基于数据驱动的风险管理能力。

医疗大数据。完善电子健康档案和病例、电子处方等数据库，加快医疗卫生机构数据共享。推广远程医疗，推进医学影像辅助判读、临床辅助诊断等应用。提升对医疗机构和医疗行为的监管能力，助推医疗、医保、医药联动改革。

应急管理大数据。构建安全生产监测感知网络，加大自然灾害数据汇聚共享，加强灾害现场数据获取能力。建设完善灾害风险普查、监测预警等应急管理大数据库，发挥大数据在监测预警、监管执法、辅助决策、救援实战和社会动员等方面作用，推广数据监管、数据防灾、数据核灾等智能化应用模式，实现大数据与应急管理业务的深度融合，不断提升应急管理现代化水平。

农业及水利大数据。发挥大数据在农业生产、经济运行、资源环境监测、农产品产销等方面作用，推广大田作物精准播种、精准施肥施药、精准收获，推动设施园艺、畜禽水产养殖智能化应用。推动构建智慧水利体系，以流域为单元提升水情测报和智能调度能力。

公安大数据。加强身份核验等数据的合规应用。推进公安大数据智能化平台建设，统筹新一代公安信息化基础设施，强化警务数据资源治理服务，加强对跨行业、跨区域公共安全数据的关联分析，不断提升安全风险预测预警、违法犯罪精准打击、治安防控精密智能、惠民服务便捷高效的公共安全治理能力。

交通大数据。加强对运载工具和交通基础设施相关数据的采集和分析，为自动驾驶和车路协同技术发展及应用提供支撑。开展出行规划、交通流量监测分析等应用创新，推广公路智能管理、交通信号联动、公交优先通行控制。

电力大数据。基于大数据分析挖掘算法、优化策略和可视化展现等技术，强化大数据在发电、输变电、配电、用电各环节的深度应用。通过大数据助力电厂智能化升级，开展用电信息广泛采集、能效在线分析，实现源网荷储互动、多能协同互补、用能需求智能调控。

信用大数据。加强信用信息归集、共享、公开和应用。运用人工智能、自主学习等技术，构建信用大数据模型，提升信用风险智能识别、研判、分析和处理能力。健全以信用为基础的新型监管机制，以信用风险为导向，优化监管资源配置。深化信用信息在融资、授信、商务合作、公共服务等领域的应用，加强信用风险防范，持续优化民生环境。

就业大数据。运用网络招聘、移动通信、社会保险等大数据，监测劳动力市场变化趋势，及时掌握企业用工和劳动者就业、失业状况变化，更好分析研判就业形势，作出科学决策。

社保大数据。加快推进社保经办数字化转型，通过科学建模和分析手段，开展社保数据挖掘和应用工作，为参保单位和个人搭建数字全景图，支撑个性服务和精准监管。建设社保大数据管理体系，加快推进社保数据共享。健全风险防控分类管理，加强业务运行监测，构建制度化、常态化数据稽核机制。

城市安全大数据。建设城市安全风险监测预警系统，实现城市建设、交通、市政、高危行业领域等城市运行数据的有效汇聚，利用云计算和人工智能等先进技术，对城市安全风险进行监控监测和预警，提升城市安全管理水平。

（五）打造繁荣有序产业生态

培育壮大企业主体。发挥龙头企业研制主体、协同主体、使用主体和示范主体作用，持续提升自主创新、产品竞争和知识产权布局能力，利用资本市场做强做优。鼓励中小企业"专精特新"发展，不断提升创新能力和专业化水平。引导龙头企业为中小企业提供数据、算法、算力等资源，推动大中小企业融通发展和产业链上下游协同创新。支持有条件的垂直行业企业开展大数据业务剥离重组，提升专业化、规模化和市场化服务能力，加快企业发展。

专栏5　企业主体发展能级跃升行动

激发中小企业创新活力。实施中小企业数字化赋能专项行动，推动中小企业通过数字化网络化智能化赋能提高发展质量。通过举办对接会、创业赛事等多种形式活动，促进大数据技术、人才、资本等要素供需对接。

加强重点企业跟踪服务。围绕数据资源、基础硬件、通用软件、行业应用、安全保障等大数据产业链相关环节，梳理大数据重点企业目录清单，建立"亲清"联系机制，透明沟通渠道，让企业诉求更顺畅。

优化大数据公共服务。建设大数据协同研发平台，促进政产学研用联合攻关。建设大数据应用创新推广中心等载体，促进技术成果产业化。加强公共数据训练集建设，打造大数据测试认证平台、体验中心、实训基地等，提升评测咨询、供需对接、创业孵化、人才培训等服务水平。构建大数据产业运行监测体系，强化运行分析、趋势研判、科学决策等公共管理能力。

推动产业集群化发展。推动大数据领域国家新型工业化产业示范基地高水平建设，引导各地区大数据产业特色化差异化发展，持续提升产业集群辐射带动能力。鼓励有条件的地方依托国家级新区、经济特区、自贸区等，围绕数据要素市场机制、国际交流合作等开展先行先试。发挥协会联盟桥梁纽带作用，支持举办产业论坛、行业大赛等活动，营造良好的产业发展氛围。

（六）筑牢数据安全保障防线

完善数据安全保障体系。强化大数据安全顶层设计，落实网络安全和数据安全相关法律法规和政策标准。鼓励行业、地方和企业推进数据分类分级管理、数据安全共享使用，开展数据安全能力成熟度评估、数据安全管理认证等。加强数据安全保障能力建设，引导建设数据安全态势感知平台，提升对敏感数据泄露、违法跨境数据流动等安全隐患的监测、分析与处置能力。

推动数据安全产业发展。支持重点行业开展数据安全技术手段建设，提升数据安全防护水平和应急处置能力。加强数据安全产品研发应用，推动大数据技术在数字基础设施安全防护中的应用。加强隐私计算、数据脱敏、密码等数据安全技术与产品的研发应用，提升数据安全产品供给能力，做大做强数据安全产业。

专栏6　数据安全铸盾行动

　　加强数据安全管理能力。推动建立数据安全管理制度，制定相关配套管理办法和标准规范，组织开展数据分类分级管理，制定重要数据保护目录，对重要数据进行备案管理、定期评估与重点保护。

　　加强数据跨境安全管理。开展数据跨境传输安全管理试点，支持有条件的地区创新数据跨境流动管理机制，建立数据跨境传输备案审查、风险评估和安全审计等工作机制。鼓励有关试点地区参与数字规则国际合作，加大对跨境数据的保护力度。

　　建设数据安全监测系统。基于大数据平台、互联网数据中心等重要网络节点、建设涵盖行业、地方、企业的全国性数据安全监测平台，形成敏感数据监测发现、数据异常流动分析、数据安全事件追踪溯源等能力。

五、保障措施

（一）提升数据思维

　　加强大数据知识普及，通过媒体宣传、论坛展会、赛事活动、体验中心等多种方式，宣传产业典型成果，提升全民大数据认知水平。加大对大数据理论知识的培训，提升全社会获取数据、分析数据、运用数据的能力，增强利用数据创新各项工作的本领。推广首席数据官制度，强化数据驱动的战略导向，建立基于大数据决策的新机制，运用数据加快组织变革和管理变革。

（二）完善推进机制

　　统筹政府与市场的关系，推动资源配置市场化，进一步激发市场主体活力，推动有效市场和有为政府更好结合。建立健全平台经济治理体系，推动平台经济规范健康持续发展。统筹政策落实，健全国家大数据发展和应用协调机制，在政策、市场、监管、保障等方面加强部门联动。加强央地协同，针对规划落实，建立统一的大数据产业测算方法，指导地方开展定期评估和动态调整，引导地方结合实际，确保规划各项任务落实到位。

（三）强化技术供给

　　改革技术研发项目立项和组织实施方式，强化需求导向，建立健全市场化运作、专业化管理、平台化协同的创新机制。鼓励有条件的地方深化大数据相关科技成果使用权、处置权和收益权改革，开展赋予科研人员职务科技成果所有权或长期使用权试点，健全技术成果转化激励和权益分享机制。培育发展大数据领域技术转移机构和技术经理人，提高技术转移专业服务能力。

（四）加强资金支持

加强对大数据基础软硬件、关键核心技术的研发投入，补齐产业短板，提升基础能力。鼓励政府产业基金、创业投资及社会资本，按照市场化原则加大对大数据企业的投资。鼓励地方加强对大数据产业发展的支持，针对大数据产业发展试点示范项目、DCMM 贯标等进行资金奖补。鼓励银行开展知识产权质押融资等业务，支持符合条件的大数据企业上市融资。

（五）加快人才培养

鼓励高校优化大数据学科专业设置，深化新工科建设，加大相关专业建设力度，探索基于知识图谱的新形态数字教学资源建设。鼓励职业院校与大数据企业深化校企合作，建设实训基地，推进专业升级调整，对接产业需求，培养高素质技术技能人才。鼓励企业加强在岗培训，探索远程职业培训新模式，开展大数据工程技术人员职业培训、岗位技能提升培训、创业创新培训。创新人才引进，吸引大数据人才回国就业创业。

（六）推进国际合作

充分发挥多双边国际合作机制的作用，支持国内外大数据企业在技术研发、标准制定、产品服务、知识产权等方面开展深入合作。推动大数据企业"走出去"，在"一带一路"沿线国家和地区积极开拓国际市场。鼓励跨国公司、科研机构在国内设立大数据研发中心、教育培训中心。积极参与数据安全、数字货币、数字税等国际规则和数字技术标准制定。

附录C　国家及省级层面与数据存储相关的文件

1.《全国一体化大数据中心协同创新体系算力枢纽实施方案》，发改高技〔2021〕709号

该实施方案提出加快实施"东数西算"工程，以数据中心集群布局为抓手，加强绿色数据中心建设，强化节能降耗要求。

2.《关于严格能效约束推动重点领域节能降碳的若干意见》，发改产业〔2021〕1464号

该意见明确指出，鼓励重点行业利用绿色数据中心等新型基础设施实现节能降耗。

3.《关于推动能源电子产业发展的指导意见》，工信部联电子〔2022〕181号

该意见提出推动以"光储端信"为核心的能源电子全产业链协同和融合发展，提升新能源生产、存储、输配和终端应用能力。

4.《医疗质量控制中心管理规定》，国卫办医政发〔2023〕1号

该规定提出质控中心应当积极利用信息化手段加强质控工作，使用符合国家网络和数据安全规定的信息系统收集、存储、分析数据，按照国家有关规定制定并落实网络和数据安全管理相关制度，保障网络和数据安全。

5.《数字中国建设整体布局规划》

该布局规划指出，要强化数字中国关键能力，增强数据安全保障能力，建立数据分类分级保护基础制度，健全网络数据监测预警和应急处置工作体系。

6.《党和国家机构改革方案》

该改革方案提出组建国家数据局，负责协调推进数据基础制度建设，统筹数据资源整合共享和开发利用，统筹推进数字中国、数字经济、数字社会规划和建设等，由国家发展和改革委员会管理。

7.《元宇宙产业创新发展三年行动计划（2023—2025年）》，工信厅联科〔2023〕49号

该行动计划要求建立元宇宙数据治理框架，加强数据安全和出境管理，规范对用户信息的收集、存储、使用等行为，提升数据安全治理能力和个人信息的保护水平。

8.《算力基础设施高质量发展行动计划》，工信部联通信〔2023〕180号

该行动计划旨在加强计算、网络、存储和应用协同创新，推进算力基础设施高质量发展，充分发挥算力对数字经济的驱动作用。

9.《关于加快建立产品碳足迹管理体系的意见》，发改环资〔2023〕1529 号

该意见鼓励在碳足迹背景数据库建设中使用 5G、大数据、区块链等技术，发挥工业互联网标识解析体系作用，提升数据监测、采集、存储、核算、校验的可靠性与即时性。

10.《关于深入实施"东数西算"工程加快构建全国一体化算力网的实施意见》，发改数据〔2023〕1779 号

该意见旨在积极推动东部人工智能模型训练推理、机器学习、视频渲染、离线分析、存储备份等业务向西部迁移。

11.《自然资源领域数据安全管理办法》

该办法明确自然资源部组织制定自然资源领域数据分类分级、重要数据和核心数据识别认定、数据安全保护等标准规范，指导开展数据分类分级管理工作，编制行业重要数据和核心数据目录并实施动态管理。

12.《数字中国建设 2024 年工作要点清单》

该清单明确了 2024 年数字中国建设的主要方向，其中强调了稳步增强数字安全保障能力。

13.《电子档案管理办法》，国家档案局〔2024〕22 号

该办法对数字档案的管理提出了新要求，有利于数据存储行业，尤其是档案行业的进一步规范化发展。该文提到应当在磁介质、光介质、缩微胶片等介质中选择至少两种符合长期安全管理要求的存储介质，以在线方式和离线方式保存至少三套完整数据，每种介质上保存一套完整数据，一套在线应用，两套备份。应当制定检测策略，定期对电子档案可读状况所处软硬件环境、存储介质完好程度等保管情况进行检测，发现问题及时处理，必要时对电子档案数据进行转换、迁移。

14.《新疆维吾尔自治区公共数据管理办法（试行）》，新政办发〔2023〕11 号

该办法提出要加强对委托第三方开展信息系统建设、维护、公共数据存储、公共数据加工等方面的安全管理工作。

15.《湖南省"智赋万企"行动方案（2023—2025 年）》，湘政办发〔2023〕10 号

该方案旨在建立数据分类分级保护制度，研究推进数据安全标准体系建设，规范数据采集、传输、存储、处理、共享、销毁全生命周期管理，推动数据使用者落实数据安全保护责任。

16.《全区一体化政务大数据体系建设工作方案》，内政办发〔2023〕32号

该方案旨在优化政务大数据平台算力设施，强化云平台、大数据平台基础"底座"支撑，提供数据汇聚、存储、计算、治理、分析、服务等基础功能，承载数据目录、治理、共享等系统运转，按需汇聚、整合共享政务数据资源，保障自治区政务大数据平台运行。

17.《河南省加强数字政府建设实施方案（2023—2025年）》，豫政〔2023〕17号

该方案提出推进冷热数据分类存储，加强冷数据存储和备份中心建设，对政务信息系统沉淀的历史数据归档存储。

18.《河南省实施扩大内需战略三年行动方案（2023—2025年）》，豫政办〔2023〕30号

该方案旨在推动政务数据、公共数据、社会数据低成本采集、高效率归集与低能耗存储，加快建设数据资源池，到2025年建成10个以上全国领先的行业数据库。

19.《山西省人民政府关于促进企业技术改造的实施意见》，晋政发〔2023〕13号

该意见提出大数据产业加快发展绿色集约高效算力中心，发展数据生成采集、存储加工、分析服务、安全治理等大数据产品，推动工业大数据深度应用。信创产业攻关高性能服务器芯片、大规模分布式存储等技术，打造整机、服务器、存储等自主可控产品。

20.《立足数字经济新赛道推动数据要素产业创新发展行动方案（2023—2025年）》，沪府办发〔2023〕14号

该方案旨在全力推进数据资源全球化配置、数据产业全链条布局、数据生态全方位营造，着力建设具有国际影响力的数据要素配置枢纽节点和数据要素产业创新高地。

21.《北京市公共数据专区授权运营管理办法（试行）》，京经信发〔2023〕98号

该办法提出专区运营单位应当明确数据管理策略，建立数据管理制度和操

作规程，明确数据的归集、传输、存储、使用、销毁等各环节的管控要求。

22.《深圳市算力基础设施高质量发展行动计划（2024—2025）》，深工信〔2023〕300号

该计划提出到2025年，全市基本形成空间布局科学合理，规模体量与极速先锋城市建设需求相匹配，计算力、运载力、存储力及应用赋能等方面与数字经济高质量发展相适应，绿色低碳和自主可控水平显著提升的先进算力基础设施布局，构建通用、智能、超算和边缘计算协同发展的多元算力供给体系。

附录D 国家通信业节能技术产品推荐目录（2021）

二〇二一年十月

目 录

一、绿色数据中心

序号	技术名称	技术简介	适用范围	节能效果	
				节能指标	推广潜力
1	10 kV交流输入的直流不间断电源系统和高弹性冷却技术	该技术由10 kV交流输入的直流不间断电源系统和高弹性冷却技术组成。1.10 kV交流输入的直流不间断电源系统通过配电链路和整流模块拓扑两个维度对原有系统进行优化，减少配电系统66%的冗余，提高电源系统效率。2.高弹性冷却技术通过定制空调盘管墙和风扇墙置于服务器后部，根据需求统一制冷、控制，通过创新的气流组织减少风阻、局部热点，使得制冷效率大幅提升	新建数据中心/在用数据中心改造	1.10 kV交流输入的直流不间断电源系统：电源模块最高效率>98.0%。2.电源整机效率>97.5%。高弹性冷却技术：较传统精密空调方案能耗降低70%；PUE降低0.045	预计未来5年市场占有率可达到20%
2	废铅蓄电池全组分清洁高效利用技术	将数据中心替换下来的铅蓄电池进行无害化处理与资源的全循环，最终产出改性塑料颗粒、精铅、铅合金、精锡、工业硫酸、精制硫酸	在用数据中心改造	一次粗铅产出率≥70%；单位产品水耗0.3 m³/t铅	预计未来5年市场占有率可达到50%
3	分布式电源（DPS）	采用内置锂电池模块替代铅酸电池，将传统供配电系统成熟稳定的控制技术与新型高性能锂电池储能技术相结合，有效提高供电系统的可靠性及机房的空间利用率，并降低数据中心供电系统的能耗、体积及重量	新建数据中心/在用数据中心改造	转换效率：>95.0%；功率因数：>0.9；输入谐波：<5%	预计未来5年市场占有率可达到5%以上
4	蒸发冷却降温系统	包含直接蒸发及间接蒸发两种方式。1.直接蒸发：室外空气在风机作用下流过被水淋湿的湿帘，通过液态水汽化吸收汽化潜热，空气干球温度被降低，送入室内进行降温。2.间接蒸发：室内回风通过芯体的干通道与间接蒸发冷却芯体湿通道上蒸发冷却降温后的室外新风产生热交换，被带走显热，焓值降低，实现降温后送入室内使用。两种方式均不需要使用压缩机和制冷剂，完全靠自然冷源降温，系统节能且环保	新建数据中心/在用数据中心改造	直接蒸发冷却系统能效比可达到25.68（低温干燥工况下）；与传统的空调降温系统相比，可节电50%以上，节水15%以上	预计未来5年市场占有率可达到20%

序号	技术名称	技术简介	适用范围	节能效果	
				节能指标	推广潜力
5	绿色低碳数据中心系列节能技术	具体包括整机柜服务器、X-MAN服务器、"冰川"相变冷却系统、分布式锂电池备电系统等技术。1.整机柜服务器采用48 V供电方案和双输入电源模块架构、虹吸散热技术、标准化设计并独立RMC机柜监控单元。IT部分采用池化设计，计算节点和存储节点分离设计，易于扩展。2. X-MAN服务器基于异构加速处理及计算的定制化服务器设计，结合整机柜的模块化设计，深度挖掘及调优GPU/FPGA/AI加速芯片的异构加速性能，将计算池化，提升并行计算性能，做到资源共享，灵活适配。3."冰川"相变冷却系统以气泵、液泵、蒸发冷凝器和并联末端为硬件基础，加以AI智能控制，灵活满足数据中心的制冷需求。4.分布式锂电池备电系统采用技术成熟的高倍率锂电池，通过串并联组成电池包，与控制充/放电的DC/DC等组成备电单元，多个BBU通过并联组成分布式电池备电系统	新建数据中心/在用数据中心改造	1.整机柜服务器技术在供电传输和电源转换效率上比传统提升2%；单节点实现功耗优化18 W以上。2. X-MAN服务器单机节约能耗5%。3."冰川"相变冷却系统年均CLF可达0.035，单机柜最大支持功率可达30 kW以上。4.分布式锂电池备电系统供电效率可达99.5%，节省机房面积25%以上，使用寿命提高2～3倍	1.整机柜服务器技术预计应用10万节点以上。2.X-MAN服务器核心技术预计普及率30%以上。3."冰川"相变冷却系统预计未来3年市场占有率可达到30%～40%。4.分布式锂电池备电系统预计应用规模将不断扩大
6	AI能源管理系统	AI能源管理系统包含互联网+能源管控平台和人工智能（AI）能源控制器。实现信息化采集与智能节能控制相结合，实现室内恒温恒湿，能源端按需供能	新建数据中心/在用数据中心改造	相比传统能源管理节能20%～30%	预计未来5年市场占有率可达到30%
7	智能免维护湿膜新风机组	湿膜加湿系统将室外新风经湿膜过滤处理后，使新风得到一定净化的同时，新风温度下降4～10 ℃。通过智能控制系统将湿膜新风机组同数据中心机房内的空调进行联动	新建数据中心/在用数据中心改造	以北京为例，预计可把数据中心电能利用效率（PUE）由1.75降至1.4左右	预计未来5年市场占有率增长20%以上

续表

序号	技术名称	技术简介	适用范围	节能效果	
				节能指标	推广潜力
8	数据中心持续供冷与削峰填谷相耦合的水蓄冷产品	利用主机供冷过程的冗余，在谷电时间内对蓄冷罐进行蓄冷，在用电高峰期间利用所蓄冷量对数据中心供冷，从而达到削峰填谷的作用	新建数据中心/在用数据中心改造	取冷/蓄冷率：90%～95%；空调系统节能率：20%～30%	预计未来5年市场占有率增长100%以上
9	AIoT数据中心垂直制冷能效管理系统	AIoT数据中心垂直制冷能效控制系统结合制冷系统的机电特性，内置了多项专利控制算法，实现了数据中心制冷系统效率最高、能耗最经济	新建数据中心/在用数据中心改造	制冷系统整体年节电率15%～30%；数据中心PUE降低5%～15%	预计未来市场占有率可达到10%以上
10	复合冷源热管冷却及空调技术	为室内末端空调提供液态制冷剂，液态制冷剂在末端内吸热蒸发变成气态，通过制冷剂管路流向机房外复合冷源热管冷却空调内，并在复合冷源热管冷却空调内冷凝成液态，制冷剂可在重力的作用下或者动力的作用下，沿制冷剂管路（液管）回流至空调末端	新建数据中心/在用数据中心改造	混合制冷模式下，复合冷源热管冷却空调COP≥6；完全自然冷源制冷模式下，复合冷源热管冷却空调COP≥20	预计未来5年应用规模将超过1万套/年
11	硬盘冷存储库	以硬盘作为数据的存储载体，集数据迁移、数据安全、长期存储、查询应用、软硬件系统为一体，为用户提供多功能、低能耗、易使用的归档数据长期保存的方法	新建数据中心/在用数据中心改造	同等存储容量下较热存储可节省耗电87%以上	预计未来5年市场占有率可达到40%～50%
12	新一代节能高效蓝光及光磁电一体化智能存储技术产品	针对海量温冷数据，利用分布式存储架构，融合NVMe、SSD、HDD、蓝光等存储介质的优势，为用户提供异质、分级数据存储服务	新建数据中心/在用数据中心改造	同等存储容量能耗仅为磁盘存储的1/20	预计未来5年市场占有率可达到60%

续表

序号	技术名称	技术简介	适用范围	节能效果	
				节能指标	推广潜力
13	"5H"数据中心冷源系统	由满足2小时以上应急的蓄冷系统、群控系统（冷机、冷塔、水泵、板换等）、空调末端以及基于AI技术的BA系统组成的节能控制系统，提高整个冷源系统的运行效率	新建数据中心/在用数据中心改造	COP可提升25%~30%；EER可提升10%~15%；WUE可降低8%左右	预计未来5年市场占有率可达到30%以上
14	数据中心电力管控系统-节能系统部分	针对数据中心领域的电能质量治理、有效消除信息系统纹波、谐波，具备治理三相不平衡、稳压与无功补偿的能力，以及电力载波的治理	新建数据中心/在用数据中心改造	整机有功功率损耗：小于补偿容量的3%	预计未来5年市场占有率可达到70%
15	全介质多场景大数据存算一体机	基于模块化的结构-能源一体转笼式大容量光盘库设计技术、单次多光盘高稳定性快速抓取装置设计技术等，实现数据存储与保护的安全性和节能性	新建数据中心/在用数据中心改造	全生命周期综合节能效益好，数据存档寿命可达50年	预计未来5年市场占有率可达到70%
16	数据中心高效冷水机组	具体包括变频离心式冷水机组及自然冷却风冷螺杆冷水机组。1.变频离心式冷水机组，可依据负荷情况自动控制压缩机转速，确保压缩机安全运行在最高能效点。过渡季节冷却水温度较低工况下，可降低压缩机转速，适应小压比工况。2.自然冷却风冷螺杆冷水机组，利用室外低温空气对循环水进行预冷，从而降低压缩机负荷。如室外温度足够低，可无压缩机运行。与传统水冷式冷水机组相比，可节能20%以上，节水100%；与常规风冷螺杆冷水机组相比，可节能36%以上	新建数据中心/在用数据中心改造	1.变频离心式冷水机组能效比：≥7.0；综合部分性能系数：≥11.0。2.自然冷却风冷螺杆冷水机组综合能效：>6.0	预计未来5年市场占有率可达到70%
17	飞轮储能装置	当电网正常时，从电网输入电能驱动飞轮旋转，以动能形式储存起来；当电网出现异常时，旋转的飞轮带动发电机发电，将动能转化为电能，以满足重要负载不间断供电的需求	新建数据中心	直流纹波2%~3%；放电时间≥15 s（100%负载）	预计未来5年市场占有率可达到40%

续表

序号	技术名称	技术简介	适用范围	节能效果	
				节能指标	推广潜力
18	废旧电池无害化处理技术	将回收的动力电池经拆解、检测及重组处理,最终得到一致性较好的梯次利用产品。对于无法梯次利用的废旧电池,采用焙烧、物理分选、湿法冶金联合工艺,回收镍、钴和锂等元素	在用数据中心改造	钴回收率≥98.18%;镍回收率≥98.46%	预计未来5年市场占有率可达到25%
19	变频氟泵双冷源精密机房空调	当处于不同季节条件时,变频氟泵双冷源精密机房空调可以通过分别开启压缩机、氟泵或压缩机和氟泵联合运行的方式,来最大限度地提高制冷系统的能效比	新建数据中心/在用数据中心改造	全年能效比(AEER)整机可达11.24	预计未来5年市场占有率可达到20%
20	喷淋液冷边缘计算工作站	低温冷却液送入服务器精准喷淋芯片等发热单元带走热量,冷却液返回液冷CDU与冷却水换热处理为低温冷却液后再次进入服务器喷淋;冷却液全程无相变。液冷CDU的冷却水由冷却塔和冷水机组提供	新建数据中心/在用数据中心改造	PUE值可低至1.07;单机架功率集成可达50 kW以上	预计未来市场占有率可达到10%以上
21	基于液/气双通道及室外蒸发冷却的高效数据中心冷却系统	具体包括液/气双通道精准高效制冷技术及蒸发冷却式冷水机组。1.液/气双通道精准高效制冷技术:根据数据中心服务器的热场特征,高热流密度元器件(例如CPU)采用"接触式"液冷通道制冷;低热流密度元器件(例如主板等)采用"非接触式"气冷通道散热。2.蒸发冷却式冷水机组:以水和空气作为冷却介质,利用空气的流动及水分的蒸发带走制冷剂的冷凝热。蒸发的水蒸气随空气排走,而未蒸发的水分会滴落到水箱,并通过水泵形成冷却水循环	新建数据中心/在用数据中心改造	1.液/气双通道精准高效制冷技术:数据中心PUE:<1.15;单机架装机容量:≥25 kW。2.蒸发冷却式冷水机组:能效比(COP):≥4.0;综合部分负荷性能系数:≥4.8	1.液/气双通道精准高效制冷技术:预计未来5年市场占有率可达到10%以上。2.蒸发冷却式冷水机组:预计未来5年市场容量将达到30亿元
22	紫晶蓝光存储	基于蓝光光盘存储数据的整体数据存储设备,通过网络接入客户环境,由主控服务器上运行的存储软件,对前端服务器、客户端提供标准NAS存储服务器,支持CIFS、NFS共享协议	新建数据中心/在用数据中心改造	对比常规存储设备,节能90%以上	预计未来5年市场占有率可达到5%

续表

序号	技术名称	技术简介	适用范围	节能效果	
				节能指标	推广潜力
23	板管蒸发冷却式自然冷源数据中心专用冷水机组	采用平面液膜换热技术，用板管蒸发式冷凝器取代传统的盘管型蒸发式冷凝器。并将该板管蒸发式冷凝器关键技术应用到蒸发式冷凝空调设备中，实现制冷系统的机组化	新建数据中心/在用数据中心改造	在名义制冷工况下，系统制冷性能系数SCOP值为5.0～6.5	预计未来市场占有率可达到10%以上
24	数据中心空调靶向调控节能系统	基于气流组织优化与PUE在线跟踪分析，通过动态监测机架负载和温度，融合精密空调冷量靶向调控、"风口-精密空调-冷源"三级逆向按需调控等技术，实现空调系统高效运行	新建数据中心/在用数据中心改造	实现数据中心空调节电率25%～30%；数据中心PUE可降低5%以上	预计未来5年市场占有率可达到10%
25	敞开式立体卷铁芯干式变压器	铁芯由三个完全相同的矩形单框拼合而成，拼合后的铁芯的三个心柱呈等边三角形立体排列。磁力线与铁芯材料易磁化方向完全一致，三相磁路无接缝	新建数据中心/在用数据中心改造	容量：2500 kVA；空载损耗：1.955 kW；空载电流（%）：0.09	预计未来3年可保持12.4%的年均复合增长率
26	自加湿机房精密空调	利用布水器将净水从精密空调蒸发器（或表冷器）的翅片顶部均匀流下，在翅片表面形成水膜。空调运行时，不饱和空气从翅片间穿过时吸收水膜表面蒸发的水蒸气，达到加湿效果	新建数据中心/在用数据中心改造	加湿能效可达蒸发式加湿器A级标准。能耗为同等加湿量的电极式加湿器的6.7%	预计未来5年数据中心市场占有率可达到1%以上
27	节能节水型冷却塔	在传统横流式冷却塔的基础上，应用低气水比技术路线，降低冷却塔耗电比，同时减少漂水	新建数据中心/在用数据中心改造	耗电比：≤0.030 kW·h/m³；漂水率：0.010%	预计未来5年市场占有率可达到30%

续表

序号	技术名称	技术简介	适用范围	节能效果	
				节能指标	推广潜力
28	Smart DC 低碳绿色数据中心解决方案	具体包含模块化UPS、智能锂电（Smart Li）、分布式绿色发电技术（光储）、间接蒸发冷却、预制式微模块数据中心技术、制冷系统智能控制系统、智能电力模块等技术。1. 模块化UPS：各功能单元采用模块化设计，主要功能模块支持热插拔，易维护。2. Smart Li：UPS智能锂电产品，作为后备能源提供持续可靠的供电保护。支持柜级消防，多重智能防护功能。3. 分布式绿色发电技术（光储）：采用分布式智能光伏发电技术将太阳能高效转换为电能，可自发自用、存储，或通过余电上网形成收益。4. 间接蒸发冷却：利用湿球温度低于干球温度的原理，通过非直接接触式换热器将通过加湿预冷的室外空气的冷量传递给数据中心内部较高温度的回风，实现风冷和蒸发冷却相结合，从自然环境中获取冷量的目的。5. 预制式微模块数据中心技术：可通过工厂预制保证现场交付质量与进度。方案具有建设周期快、PUE低、节能性能好、界面清晰、建设简单的特点，可根据需求分期部署。6. 制冷系统智能控制系统：通过各类数字技术采集制冷系统各部分运行参数，利用智能技术对数据进行分析诊断，结合制冷需求给出最优控制算法，使制冷系统综合能效最高。7. 智能电力模块：采用一体化集成方案，包含变压器、低压配电柜、无功补偿、UPS及馈线柜、柜间铜排和监控系统。通过在工厂预制方式，并可整体运输到现场安装	新建数据中心/在用数据中心改造	1. 模块化UPS：智能在线模式效率达99%，且可以做到0 ms切换。2. Smart Li：寿命10年，最高节省占地2/3，支持新旧电池混用。3. 分布式绿色发电技术（光储）：相较一般组件，发电量可提升5%～30%。4. 间接蒸发冷却：CLF≤0.15（深圳年平均）。5. 预制式微模块数据中心技术：年平均PUE可达1.245，最佳实践PUE 1.15。6. 制冷系统智能控制系统：整体PUE可降低8%～15%。7. 智能电力模块：UPS在线模式效率97%，链路效率95.5%。8. 上述技术综合应用可将数据中心年均PUE降至1.15	预计未来5年市场占有率可达到35%

序号	技术名称	技术简介	适用范围	节能效果	
				节能指标	推广潜力
29	节能型智慧数据中心基础设施解决方案	具体包括模块化不间断电源（UPS）、微模块综合监控系统、数据中心用240 V/336 V直流供电系统、模块化数据中心（微模块）等技术。1. 模块化不间断电源（UPS）由整机机柜、功率模块、旁路模块、系统控制模块、监控模块及配电模块组成。系统采用抽屉式概念设计，一个功率模块就是一台功能齐全的三相双转换在线式逆变器，支持模块在线热插拔功能。2. 微模块综合监控系统通过监控微模块温度场、机柜负载情况，利用前馈控制、温度自适应、热点追踪等策略，自动调节空调制冷，以实现按需供冷，有效降低机房能耗及PUE。3. 数据中心采用240 V/336 V直流供电系统，解决了复杂供电系统条件下的电网适应性问题、多模块智能并机技术、高功率密度整流模块设计等技术难题，实现了信息通信设备供电的可靠安全和节能，达到节能减排的效果。4. 模块化数据中心（微模块）基于能效管理技术、冷电联动节能技术、智能化运维管理技术等，显著降低制冷系统能耗及供配电系统损耗，实现实时智能自动化调优，节能减排。减少运维工程师干预，显著降低数据中心运行维护成本	新建数据中心/在用数据中心改造	1. 模块化电源供电技术：在负载率＞80%时，电源系统效率≥97%。2. 微模块综合监控系统：PUE可降低0.08～0.12。3. 数据中心采用240 V/336 V直流供电系统：电源效率≥96%；整流模块效率≥96.5%；满载功率因数PF≥0.999。4. 模块化数据中心（微模块）：微模块PUE可达1.23	预计未来5年市场占有率可达到20%
30	浸入式散热数据中心	由密封的液冷机柜、内部循环模组、换热冷却设备、内外控制设备等组成。IT设备完全浸没在单相导热液中，通过单相导热液直接对发热元件进行热交换，升温的导热液再通过外部驱动系统进行二次热交换，冷却后回流到机柜内部，达到控温效果	新建数据中心/在用数据中心改造	系统年均PUE最低可到1.02；单机柜可用IT功率密度5～50 kW	预计未来5年在小型浸没液冷数据中心市场占有率可达到60%

序号	技术名称	技术简介	适用范围	节能效果	
				节能指标	推广潜力
31	分布式锂电不间断电源系统	交流在线式产品，提供基于锂电池的分布式供电和备源。锂电池使用寿命长达10年，支持100%完全放电。可根据满载备源时间需求灵活配置	新建数据中心/在用数据中心改造	市电效率可高于96%，电池模式效率可高于90%	预计未来5年增长率保持在30%以上
32	智能温控系统	通过企业搭建的大数据服务中心，提供运维服务平台，通过云端数据化储存和云端数据化分析实现远端智能化管理、本地智能化管理、远端异常诊断和用户终端智能化的互联互通，为客户提供数字化服务	新建数据中心/在用数据中心改造	在确保温度要求的前提下可节能30%	预计未来市场占有率可达到50%以上
33	磁悬浮变频离心冷水机组	由无油磁悬浮离心压缩机、壳管式冷凝器、降膜式蒸发器、电子膨胀阀、经济器及其电控系统组成，利用制冷循环原理取得冷水，同时，充分利用自然冷源，实现能耗最低、效率最高	新建数据中心/在用数据中心改造	机组的综合能效比（IPLV）：11.1；机组最大COP：26；机组启动电流：2 A	预计未来5年国内数据中心市场总额将达到1 000台
34	数据中心冷却系统智能控制技术	基于大数据、AI、物联网和自动控制技术，实现空调系统运行状态优化和节能，以及机房能效诊断和节能潜力评估	新建数据中心/在用数据中心改造	针对空调末端设备实施，综合节能率不低于25%；针对冷站实施，综合节能率不低于15%	预计未来3年节能改造市场规模在1万台以上
35	浸没式交变脉冲电磁波法循环冷却水处理技术	运用特定频率范围的交变脉冲电磁波，使电磁波能量有效激励水分子产生共振，增强水的内部能量，促使冷却水中形成无附着性的文石及在钢铁表面形成磁铁层，解决结垢和腐蚀问题。同时这种独特的离子电流脉冲波具有显著的微生物灭杀功能，可以控制细菌和藻类生长	新建数据中心/在用数据中心改造	排污量可减少30%以上并等量减少补水量；药剂可节省100%	预计5年内大型数据中心市场占有率可达到30%以上

序号	技术名称	技术简介	适用范围	节能效果	
				节能指标	推广潜力
36	机房环境参数测量分析及AI节能优化技术	采用机器人搭载传感器，短时间内完成机房空间内的温湿度和空气流量等环境参数测量，通过气流模型形成温度云图进行热点分析和室内气流能效优化，另可结合动环监控系统以及BA系统的历史数据，通过机器学习模型训练，优化数据中心节能运维管理	新建数据中心/在用数据中心改造	提高测试效率100%以上；指导数据中心提高能效利用率10%以上	预计未来大型数据中心市场占有率可达到50%以上
37	IT设备直接浸没式液冷技术	具体包括数据中心直接浸没式液冷技术及微型浸没式液冷边缘计算数据中心技术。1. 数据中心直接浸没式液冷技术：通过将IT设备浸没在冷却液里并直接将热量传递给冷却液，冷却液吸收热量后通过液冷主机与水循环系统换热，水循环系统将热量带到外部换热设备（如冷却塔、空冷器等）并散发到空气中，即完成一次液冷系统的散热循环。2. 微型浸没式液冷边缘计算数据中心：微型液冷边缘计算数据中心由微型液冷机柜、二次冷却设备、服务器、网络设备、硬件资源管理平台等组成。不需要风扇的IT设备完全浸没在注满冷却液的液冷机柜中，IT设备通过冷却液直接散热，冷却液再通过小功率变频循环泵驱动，循环到板式换热器与冷媒系统换热，冷媒系统将换取的热量带到二次冷却设备，通过风机将热量散发到空气中去	新建数据中心/在用数据中心改造	系统年均可低至PUE 1.1	预计未来5年市场占有率可达到8%

续表

序号	技术名称	技术简介	适用范围	节能效果	
				节能指标	推广潜力
38	模块化数据中心解决方案	具体包括池式模块化及柜式模块化技术。1.池式模块化：以整体机房建设理念，机房基础设施各子系统实现预制，子系统模块化集成至池级模块数据中心，实现供配电、UPS、制冷或自然散热管理、监控管理、应急通风、线缆管理等功能，集成了除主设备以外所有内容，实现子系统预制，集成模块化的方式。2.机柜式模块化：适用负载少、设备多等特点。配置单台制冷量3.5 kW机架式空调，实现冷热通道隔离方式，对设备进行高效冷却，有效利用制冷量，降低能耗和PUE值	新建数据中心/在用数据中心改造	1.池式模块化：整体PUE可达到1.25以下。2.机柜式模块化：PUE值低至1.4以下，插框式空调全年能效比（AEER）4.09	预计未来5年市场占有率可达到40%
39	数据中心空调系统智慧节能控制技术	具体包括数据中心智慧节能云平台技术及空调节能控制柜技术。1.数据中心智慧节能云平台：采集数据中心内设备的运行信息和环境参数，优化设备运行工况，使冷热负荷处于一个及时匹配的动态平衡，降低无效能耗输出，使温度更加稳定并避免热点发生，实现数据中心的能耗管理和优化。2.空调节能控制柜：在满足机房制冷量需求的情况下，通过变频调速技术，使空调制冷量与机房实际热负荷相匹配，在低负荷时降低压缩机与风机的转速，提高空调蒸发温度、降低冷凝温度，从而提高空调效率，降低空调能耗	新建数据中心/在用数据中心改造	1.数据中心智慧节能云平台：综合节电率（含IT设备能耗）可达到10%以上。2.精密空调节能柜：空调节能率（包括压缩机和风机）可达到30%	1.数据中心智慧节能云平台：预计未来5年数据中心市场占有率可达到40%。2.空调节能控制柜：预计未来5年数据中心市场占有率可达到35%
40	数据中心智能运维管理平台	通过对数据中心基础设施动力环境及IT基础架构的全面监控及分析，制定出最优策略对各系统进行实时控制，实现数据中心能效最优	新建数据中心/在用数据中心改造	年节电可达12%～30%	预计未来5年大型数据中心市场占有率可达到约30%

序号	技术名称	技术简介	适用范围	节能效果	
				节能指标	推广潜力
41	模块化不间断电源及预制式微模块集成技术	具体包括模块化不间断电源及预制式微模块集成技术及产品。1. 模块化不间断电源：将UPS系统功能部分进行模块化设计，分为机柜、旁路模块及功率模块，整机具有智能控制、绿色休眠备份功能，提高系统运行效率和节能效果。2. 预制式微模块集成技术及产品：在模块内集成机架、供配电、制冷、环境监控等数据中心组成部件，具有快速灵活、按需部署、建设简单等特点。冷热通道隔离技术可降低能耗	新建数据中心/在用数据中心改造	1. 模块化不间断电源：整机系统效率达到96%，最高可达97%。2. 预制式微模块集成技术及产品：数据中心能源效率PUE≤1.3	预计未来模块化不间断电源每年出货量21 000台，预制式微模块集成技术及产品每年出货量1 600台
42	智能变频及多联蒸发冷集成冷源技术	具体包括智能变频柜、蒸发冷集成冷站、复合冷源热管冷却技术及空调等技术。1. 智能变频柜：在精密空调压缩机、室内风机供电前端增加智能变频柜，智能变频柜采集室内的温度信号，根据蒸汽压缩式制冷理论循环热力计算结果输出相应控制信号，控制压缩机、室内风机工作频率，进而达到降低能耗的目的。2. 蒸发冷集成冷站：由动力模块和蒸发冷凝模块组成，是一种新型节能冷水系统。集成了目前市场上先进的变频离心压缩机技术、氟泵技术、蒸发冷凝技术等节能技术，降低压缩机冷凝温度，提高系统能效，充分利用自然冷源。3. 复合冷源热管冷却技术及空调：在热管冷却技术基础上，冷源端集成强制风冷、蒸发冷却、氟泵、压缩机等制冷方式，进一步增强热管技术的适用性和节能性	新建数据中心/在用数据中心改造	1. 智能变频柜：年节能率可达30%。2. 蒸发冷集成冷站：可实现全国绝大部分城市数据中心冷却系统CLF低于0.15。3. 复合冷源热管冷却技术及空调：整机全年能效比（AEER）可达15.0以上	预计未来5年市场占有率可达到10%以上
43	数据中心电能效率优化及智能运维管理技术	通过储能系统网络化管理技术、暖通系统优化策略算法与自动调控技术、基于大数据挖掘的节能诊断及优化技术等技术实现电力容量及能流监测、暖通系统自动控制、数据中心电能效率的整体优化等功能	新建数据中心/在用数据中心改造	系统年可利用率≥99.99%；系统使用寿命>10年	预计未来5年市场规模将有1 000套以上

序号	技术名称	技术简介	适用范围	节能效果	
				节能指标	推广潜力
44	间接蒸发空气冷却系统	包含防虫防沙滤网、预冷降温模块、显热交换器、表冷器、EC风机、控制模块、交叉排列的冷热隔离外循环风道几个部分。利用环境空气降温加湿后产生的冷空气通过导风装置进入空气-空气间壁式热交换器同数据中心内部的热回风进行热交换	新建数据中心/在用数据中心改造	整机年综合能效比大于20	预计未来5年市场占有率可达到20%
45	磁悬浮飞轮储能装置	是一种机电能量转换和储存装置，以飞轮本体高速旋转的形式存储动能，并通过与飞轮本体同轴的电动机/发电机完成动能与电能之间的转换，此储能装置采用五自由度主动磁悬浮的轴承体系，飞轮在密闭的真空容器中处于无接触完全磁悬浮状态，以每分钟不低于35 000转的转速旋转。在设备正常使用频次内，寿命可达20年以上	新建数据中心/在用数据中心改造	储能模块功率密度：6 338 kW/m³；最大能量存储：1.736 kW·h；寿命20年，退役之后可以回收利用	预计未来5年市场占有率可达到40%
46	SCB-NX1智能型环氧浇注式干式变压器	铁芯叠片型式为45° 全斜接缝七级步进搭接；低压线圈采用箔绕技术，绕组在短路情况下实现零轴向短路应力；高压线圈采用树脂绝缘体系，满足能效1级负载损耗要求；温控及监测系统可实时预估出干式变压器的老化速率及绝缘剩余寿命	新建数据中心/在用数据中心改造	达到《电力变压器能效限定值及能效等级》（GB 20052—2020）能效1级	预计未来5年市场占有率可达到5%
47	模块化设计不间断电源	通过一体化的紧凑设计，把高效率的模块化架构不间断电源（UPS）设备、前后端的配电系统以及精密列头柜集成于一个机柜中，减少50%以上占地面积	新建数据中心/在用数据中心改造	在线双变换模式能效最高达97%，ECO模式能效最高达99%	预计未来5年市场占有率可达到40%

序号	技术名称	技术简介	适用范围	节能效果	
				节能指标	推广潜力
48	数据中心高效液冷技术及其基础设施产品	具体包含冷板式液冷服务器散热系统及浸没液冷换热模块。1. 冷板式液冷服务器散热系统：冷媒不与电子器件直接接触，通过冷板等高效热传导部件将被冷却对象的热量传递到冷媒中，利用冷媒将热量由热区传递到远处再进行冷却。2. 浸没液冷换热模块：冷媒与电子器件直接接触，冷媒在服务器中吸热并沸腾，利用冷媒将热量由服务器传递到模块中完成冷却循环	新建数据中心/在用数据中心改造	与同等配置的风冷服务器相比，液冷服务器系统能使数据中心的PUE平均小于1.2	预计未来5年市场占有率可达到50%
49	直接蒸发式预冷却加（除）湿技术	具体包括风冷空调室外机湿膜冷却节能技术及机房湿膜加（除）湿机。1. 风冷空调室外机湿膜冷却节能技术：在风冷空调室外机或者机房加（除）湿机中设置湿膜装置，干燥热空气经过湿膜时，通过湿膜中的水蒸发吸热，达到加湿冷却净化的效果。2. 机房湿膜加（除）湿机：加湿方式为机房干热空气通过湿膜时，被加湿、降温和净化。除湿方式为输送机房相对湿润的空气通过冷却除湿。智能控制器实现对湿度的控制	新建数据中心/在用数据中心改造	1. 室外机冷凝器的冷凝温度每降低1 ℃，综合计算可节能3%。2. 与传统红外加湿和电极加湿技术相比，湿膜加（除）湿机节能率可达90%以上	预计未来5年内实现风冷空调室外机湿膜冷却装置推广量5万台，湿膜加（除）湿机1万台
50	数据中心循环冷却水节能技术	基于工业互联网云平台的水智控管理系统，为循环水系统提供实时水质监测和基于算法模型的告警、诊断及水质自动控制功能。同时提供制冷系统的用水、能耗管理分析功能	新建数据中心/在用数据中心改造	可实现水耗降低8%、能耗降低10%	预计未来3年市场占有率可达到20%
51	智能喷雾系统	通过雾化器将水雾化喷洒到空调冷凝器进风侧，有效地降低了冷凝器进风口的环境温度，提高了冷凝器的换热效率，达到降低压缩机排气压力的目的，从而降低压缩机的实际消耗功率，增加制冷量，提高空调的能效比	新建数据中心/在用数据中心改造	传统风冷式精密空调使用后能效比（COP）：≥12；与传统的喷淋相比，节水30%以上	预计未来5年内国内市场规模将达到1万台

续表

序号	技术名称	技术简介	适用范围	节能效果	
				节能指标	推广潜力
52	数据中心冷却用高效通风机	通过叶轮流场优化、电机效率提升、智能调整转速技术的应用，使风机能耗降低30%以上，绿色环保，与常规风机组相比，节能30%以上	新建数据中心/在用数据中心改造	通风机效率高于国家1级能效，高于常规风机15%以上，能耗降低30%以上；比A声级≤35.0 dB	预计未来5年市场占有率可达到30%以上
53	数据中心预制化智能供配电与高效制冷技术	配合以全新架构封闭通道模块化数据中心为基础，具体包括UPS系统、供配电系统、精密空调系统等方面技术。1. UPS系统：高效动态在线模组技术以及具有AI特征的智能调控"三工况"的高可靠和高性能UPS，当UPS对市电进行分析后，若市电状态良好，UPS将开启动态在线模式，此时负载由UPS的静态旁路供电，UPS逆变器工作逻辑变为有源滤波器，对静态旁路中的谐波、功率因数进行矫正，快检技术保证快速切换，满足IEC 62040-1类供电质量。2. 供配电系统：全部预制式电力模组，将电气链路中的中压柜、变压器、市电总进线、功率补偿装置、市电配电、UPS输入输出配电、UPS等装置，内部全部通过铜排连接，在工厂完成预制的一体化电源产品。3. 精密空调系统：氟泵双循环自然冷却技术及机组以及间接蒸发冷却技术及机组，通过氟泵或空空换热器结合喷淋蒸发冷却，最大限度利用自然冷源，降低空调机组功耗	新建数据中心/在用数据中心改造	1. UPS系统：全年综合能效可达98.5%。2. 供配电系统：将PUE中配电的功率因子由0.1降低到0.08。3. 精密空调系统：可将数据中心PUE指标从1.4降至1.25	预计未来3年市场占有率可达到20%以上
54	模块化不间断电源（UPS）	各功能单元采用模块化设计，系统支持IECO在线补偿节能模式，可无缝切换，且具有功率因数补偿功能，同时系统内置集中式静态开关旁路，抗短路能力强，可靠性更高	新建数据中心/在用数据中心改造	支持IECO在线补偿节能模式，该模式下整机系统效率可达99%	预计未来5年市场占有率可达到约30%

续表

序号	技术名称	技术简介	适用范围	节能效果	
				节能指标	推广潜力
55	间接蒸发冷却节能技术	蒸发冷却技术是利用水蒸发吸热的效应来冷却空气或水，按照技术形式可分为直接蒸发冷却和间接蒸发冷却两种形式，按照产出介质分类又可分为风侧蒸发冷却和水侧蒸发冷却两种形式	新建数据中心/在用数据中心改造	能效比（COP）≥15，PUE值可低至1.1；与传统的水冷式系统相比，可节电35%以上，节水50%~70%；与传统的风冷式系统相比，可节能55%以上	预计未来5年市场占有率可达到35%
56	间接蒸发冷与直流变频节能技术	包括间接蒸发冷系统及直流变频节能技术。1.间接蒸发冷系统：可智能切换八种制冷模式以充分利用自然冷源。通过水压和绝热室内的湿度来控制水量，最大化利用水蒸发相变产生的潜热。可实现最小机房PUE值1.1。2.直流变频节能技术：风机、压缩机、电子膨胀阀根据机房实际负载快速三联动调节。压缩机频率根据负荷预估，结合系统高、低压和回气温度变化趋势快速调节，保持机房温湿度稳定性。同时，搭配CFD热仿真技术实现对机房设备点对点制冷，送风距离短，制冷精准	新建数据中心/在用数据中心改造	1.间接蒸发冷系统：整体能效比≥9。2.直流变频：综合能效AEER可达5.1	预计未来5年市场占有率可达到30%以上
57	高效环保型氟化冷却液	全浸没相变和单相冷却介质，用于浸没式（接触式）液冷。具有价格低、材料相容性更好、温室效应潜能值更低的特点	新建数据中心/在用数据中心改造	产品绝缘不导电、无闪点；ODP为0；GWP<150	预计未来5年市场占有率可达到15%
58	基于AI的基站/IDC机房智慧节能系统	通过大数据和AI技术，针对数据中心制冷全链条提供策略支持。同时为各类应用提供通用数据传输功能，实现云边应用的数据协同	新建数据中心/在用数据中心改造	机房空调节能率最高可达50%，机房整体节能8%以上	预计未来5年市场占有率可达到80%

续表

序号	技术名称	技术简介	适用范围	节能效果	
				节能指标	推广潜力
59	双层双联微模块	为具有独立运行功能微模块，包含上下两层，每层四列机架。一体化集成机柜、电源、配电、空调末端、综合布线、消防、监控管理等系统，冷热通道封闭，装配式设计，满足8烈度抗震要求，IP44防护等级，具有"即装即用"的快速响应优势，可实现快速部署	新建数据中心	全国范围内PUE≤1.3，部分地域低至1.2以下	预计未来5年市场占有率可达到10%
60	DCIM数据中心智能管理系统	通过对数据中心设施的检测、管理和优化，将运营管理和运维管理有机融合，提供数据中心全生命周期管理，全方位保证数据中心可用性，结合AI及机器人技术，实现精细能效管理及自动运维	新建数据中心/在用数据中心改造	数据中心管理系统结合AI技术，节能8%以上	预计未来5年在大型数据中心的市场占有率可达到约30%
61	机房智慧节能管理系统	通过IoT技术进行数据采集，利用大数据技术实现能源效率和风险的实时诊断，通过AI技术实现数据中心空调系统保持最优状态运行，持续优化系统PUE	新建数据中心/在用数据中心改造	制冷能效（CLF）可提升10%～20%；制冷系统能效可提升20%～30%	预计未来5年市场占有率可达到15%
62	数据中心高效模块化集成冷站	包括数据中心高效模块化集成冷站及CVT系列永磁同步变频离心式高水温机组等技术。1. 数据中心高效模块化集成冷站：采用全变频高效节能系统设计、自然冷却联合供冷、精准适配节能运行策略、快速部署模块化设计、系统冗余设计、环形管网、无扰动强弱电等技术，高气密性检测及自动化焊接等工艺方法，实现全工序厂内预制、现场"近零"施工，周期可缩短70%，并实现机组全年无间断运行。2. CVT系列永磁同步变频离心式高水温机组：针对数据中心高温出水工况优化设计，采用双级压缩、永磁直驱、绿色变频技术，可有效提升机组全年综合运行能效	新建数据中心/在用数据中心改造	设计能效EER＞5.5，相对于传统冷站提升约70%	预计未来5年市场规模达到3 500套以上

二、5G 网络

序号	技术名称	技术简介	适用范围	节能效果	
				节能指标	推广潜力
63	智能免维护自然冷机房节能系统	将节能系统同机房的空调进行联动，智能控制引入净化后的室外新风，代替机房空调实现降低机房温度的目的。进风设备内置自清洁系统，可定时开启并自动清洁滤芯，实现滤芯的免人工维护	配套设备设施	标准测试工况下系统能效比27（GB/T 28521—2012）；滤芯使用寿命达5年	预计未来5年推广至10万个基站，1.5万个5G机房
64	基站型中央节能保护机	融合应用反常霍尔效应原理与传统电容器原理，采用稀土霍尔共振棒与虚拟电容相结合的用户电力技术，改善和提高基站电能质量，延长通信设备设施使用寿命，减少配电系统铜损、铁损、线损	配套设备设施	节电率8%~25%；无功功率下降率≥20%	预计未来5年安装量可达到全国基站总量的六分之一
65	基站蓄电池续航服务	利用蓄电池修复液对报废电池进行修复处理后，通过电池能量碎片化管理系统进行分组梯次利用，提高铅酸蓄电池的利用率	整体解决方案	蓄电池使用寿命可延长3年以上	预计未来5年市场占有率可达到40%
66	5G应用场景下通信基站新风冷气机技术	通过收集雨水、空调冷凝水和对自来水循环利用的方式对设备内部的湿帘和钛合金过滤网进行淋湿及冲洗。机房外的干热空气通过进风道被吸入到湿帘表面，通过自动清洁的钛合金过滤网（过滤效率95%）进行降温，实现对于直流负荷小于100 A的中小负荷机房替代传统空调制冷，对于负荷100 A以上的节点汇聚机房辅助制冷，减少空调运行时长的目标	配套设备设施	对于直流负荷小于100 A的空调节能效率75%以上；机房配置新风冷气机以后PUE可以降至1.25以下	预计未来5年推广至5万个基站
67	机房制冷双回路热管空调机	利用室内、外空气温度差，通过封闭管路中工质冷媒的蒸发、冷凝循环而形成动态热力平衡，将室内的热量高效传递到室外的节能设备	配套设备设施	机房内温度（27±1）℃，室外17℃时，机组能效比为5.72；室外12℃时，机组能效比为11.58	预计未来3~5年内市场占有率可达到15%

序号	技术名称	技术简介	适用范围	节能效果	
				节能指标	推广潜力
68	iTelecom Power站点能源解决方案	具体包含iTelecomPower、封闭柜解决方案、刀片电源和刀片电池、智能网管等技术。1. iTelecomPower：采用高密高效、全模块化设计，搭配高密智能锂电，可实现整站高密部署；可支持ICT设备融合供备电、精准计量、远程通断，满足5G时代站点差异化供备电、计量的需求。2. 封闭柜解决方案：采用"温供备一体化"设计，精准温控，并通过消除热点，综合提升冷却效率；支持配合网管系统智能联动，减少制冷能耗。3. 刀片电源和刀片电池：采用多种设计手段实现大功率设计，通过电力电子技术器件和拓扑的创新，整流效率提升至97%以上，并实现刀片站点的实时分析和远程管理。4. 智能网管：通过AI大数据分析及电源协同实现站点设备智能管理，可识别低效站点及设备，优化空调运行逻辑，并可控制电池充放电，利用峰谷电价差节省电费	整体解决方案	1. iTelecomPower：整流效率可达98%，降低2%整流损耗。2. 封闭柜解决方案：制冷能力单柜最高10 kW，相比传统开放式房级制冷方式，站点能源效率比（SEE）可达75%。3. 刀片电源和刀片电池：SEE≥97%；相比传统的机柜方案，节能约20%以上。4. 智能网管：可提升14%站点能效	预计未来5年市场占有率可达到40%
69	升阻结合型垂直轴风力发电机	将阻力型风轮（Savonius）与升力型风轮（Darrieus）进行统一设计，结合自有的发电机技术，形成升阻结合型外转子风力发电机系统	配套设备设施	发电机效率可达87%	预计未来5年市场占有率可达到20%
70	5G一体化智慧电源柜	采用前部、顶部双工程面设计。其中顶部电源模块采用自上而下拔插式设计，机箱内部采用特有的独立式烟囱风道设计及独立三腔式热隔离设计，产生热气不会回流至设备内部及电池仓，控制设备内部温升不超过10 ℃，使设备达到有效、可靠、耐高温的效果	整体解决方案	同比传统方案同等带载下，节电率可达40%	预计未来5年全国市场占有率在现有基础上增长一倍
71	5G BBU节能型散热框架	利用空气热工特性，调整进出风方向，拓宽气流通道，减少转折，降低流阻，从而提高散热效率。并利用设备风扇调速特性，有效降低功耗	配套设备设施	设备进风口温度降低10℃以上；可使每台5G BBU平均功率下降40 W左右	预计未来5年市场占有率可超过30%

续表

序号	技术名称	技术简介	适用范围	节能效果	
				节能指标	推广潜力
72	基站一体化能源柜	根据不同的输入能源,选择配置相应的输入转换功能单元,将各类输入能源转换成统一设定的直流电压并实现动态配置功能需求。管控单元对各类模块和系统的运行参数、状态进行管理,对换流单元中的各类模块功率输出进行智能管控,并可根据负载实时供电容量需求,对蓄电池容量进行智能调度,实现储能错峰、削峰供电。根据业务需求,也可实现每个输出分路远程上下电控制	整体解决方案	能效提升8%~17%;建设周期缩短90%	预计未来5年市场占有率将实现10%~15%的增长
73	智能多网协作节能系统(i-Green)	产品通过与无线网络设备适时交互,基于海量数据和机器学习算法实现智能的业务预测、场景识别,适时关闭部分低业务量的重叠覆盖小区,在不影响网络质量的前提下,降低网络能耗。同时,实时监控网络质量,在业务尖峰到来时及时唤醒休眠的节能小区。从网络级全局视角对4G/5G网络能耗进行精细化管理,实现全天候动态节能	主设备	与人工节能手段相比,可实现全天候动态节能,能效提升5%~10%	预计未来5年市场占有率可达到20%~50%

三、其他

序号	技术名称	技术简介	适用范围	节能效果	
				节能指标	推广潜力
74	智慧电力能源综合服务平台	基于内置电气设备指纹提取、负荷用电细节数据预测、综合能效分析与计算、异常用能分析等算法模型研究,实现以电力为核心的能源监控、分析、管理、服务、交易、应用等功能,构建完善的数据架构、技术架构以及业务模块、应用与部署,完成智慧能源服务及衍生服务的拓展	通信业节能技术产品	系统平均无故障率>99.9%,故障修理的平均时间<1天;该产品应用于某楼宇、园区等用户,实现节能20%左右	预计未来5年市场占有率可达到40%

附录E　国家绿色数据中心先进适用技术产品目录（2020）

二〇二〇年十月

目　录

一、能源、资源利用效率提升技术产品

（一）高效系统集成技术产品

序号	名称	适用范围	技术原理	主要节能减排指标	技术产品应用现状和推广前景	技术产品提供方	应用实例	备注
1	预制微模块集成技术及产品	新建数据中心/在用数据中心改造	在模块内集成了机架系统、供配电系统、监控管理系统、制冷系统、综合布线系统、防雷接地系统和消防系统等数据中心各核心部件。可通过工厂预制保证现场交付质量与进度。具有界面清晰、建设简单等特点，可根据数据需求分期部署	与传统数据中心相比：1.可节电约15%；2.PUE可达到1.3以下	未来5年市场占有率可达约30%	华为技术有限公司、深圳市艾特网能技术有限公司、长沙麦融高科技股份有限公司、科华恒盛股份有限公司、广州南盾通讯设备有限公司、香江科技股份有限公司	某数据中心：采用智能微模块，工厂预制，快速部署，采用行级近端制冷技术提升高机柜功率密度。可实现PUE约1.3	技术产品提供方所列企业均为可独自提供该类技术产品的企业，其产品具体能效及性能参数各有特点，排名不分先后。下同
2	软件定义数据中心技术	新建数据中心	采用计算虚拟化、分布式存储、网络功能虚拟化等先进技术，使用x86服务器构建软件定义的计算、存储和网络资源池，赋予数据中心快速交付和弹性调度IT资源的能力，并统一管理硬件和虚拟化资源，显著提高IT资源的使用率	与传统数据中心相比，IT系统可节约投资约30%	未来5年市场占有率可达50%	北京优帆科技有限公司	某数据中心：采用软件定义数据中心技术，建设具备能力及快速扩展能力的基础设施平台，可实现服务器资源交付与管理平台，效率提升约70%，机房物理空间资源节约约67%	

续表

序号	名称	适用范围	技术原理	主要节能减排指标	技术产品应用现状和推广前景	技术产品提供方	应用实例	备注
3	微型浸没液冷边缘计算数据中心	新建数据中心/在用数据中心改造	微型液冷型液冷边缘计算数据中心由微型液冷机柜、热交换器、二次冷却设备、电子信息设备、硬件资源管理平台等组成。IT设备完全浸没在注满冷却液的液冷机柜中，通过冷却液直接散热，冷却液再通过小功率变频循环泵驱动，循环系统进行冷量交换	1. 系统年均PUE最低可至1.1; 2. 单机柜IT可用空间13~42U，可用IT功率密度5~50 kW	预测到2024年，将会有约18亿kW以上的IT设施应用在微型液冷型边缘数据中心中	深圳绿色云图科技有限公司	某数据中心：选用直膨式制冷方案，PUE=1.4，全年节电量8.76万kW·h	
4	喷淋液冷边缘计算工作站	新建数据中心/在用数据中心改造	整个系统主要由冷却塔、冷水机组、液冷CDU、液冷喷淋机柜构成。工作过程为：低温冷却液经人服务器精准喷淋冷却芯片等发热单元带走热量，喷淋后的高温冷却液返回液冷CDU，与冷却水换热后处理为低温冷却液再次进入服务器喷淋。冷却液全程无相变	1. PUE值可低至1.07; 2. 单机架功率可达50 kW以上，集成率50 kW以上; 3. 2U标准液冷服务器功率密度可达2 kWU以上	预测未来5年喷淋液冷机架数量为17.2万架，年节约用电234亿kW·h以上	广东合一新材料研究院有限公司	某数据中心：整体电功率达到120 kW。机房室外设备采用集装箱式整机中心整体装机模块，数据中心整体PUE值降低至1.07	系统工作环境温度-20~48℃

续表

（二）高效制冷/冷却技术产品

序号	名称	适用范围	技术原理	主要节能减排指标	技术产品应用现状和推广前景	技术产品提供方	应用实例	备注
5	蒸发冷却式冷水机组	新建数据中心/在用数据中心改造	通过蒸发冷却和闭式冷却水塔相结合的方式，充分利用空气流动及水的蒸发潜热冷却经过的压缩机热的蒸发冷却制冷剂，实现对自然冷源的充分利用	1. 能效比（COP）：≥15; 2. 与传统的水冷式冷水机组相比，可以节水15%以上，节电50%以上; 3. 与风冷式冷水机组相比，节能35%以上	预计未来5年其市场容量将达到30亿元	广东申菱环境系统股份有限公司、新疆华奕新能源科技有限公司、深圳易信科技股份有限公司、广州市华德工业有限公司	某数据中心：节能量：104 MW·h; 节水量：40 824 m³; 补水量：0.8 m³/h	不适用于：缺水场合，相对湿度较大地区
6	磁悬浮变频离心式冷水机组	新建数据中心	磁悬浮压缩机采用电机直接驱动转子、电子转轴和叶轮组件通过数字控制的磁轴承在旋转过程中悬浮运转，在不产生磨损且完全无油运行情况下实现制冷功能	与常规变频离心机组及螺杆机组相比，可节电10%～15%	未来5年随规模增加和价格下降，市场占有率可大幅提高	苏州必信空调有限公司、青岛海尔空调电子有限公司、克莱门特捷联制冷设备（上海）有限公司、南京佳力图机房环境技术股份有限公司	某数据中心：季节综合COP可高于14，运行费用约为传统统冷水机组的47.6%	
7	变频离心式冷水机组	新建数据中心	针对数据中心空调系统高需求，依据数据中心出水工况优化设计，温差结合数字变频技术，可实现较高的COP及IPLV	与常规定频离心式冷水机组相比，可节电约20%	预计未来五年内市场总额将达到900台（套）	珠海格力电器股份有限公司（中国）工业有限公司、顿汉布什（中国）工业有限公司	某数据中心：总装机容量约3万kW。全年综合能效提升65%，节能40%以上，年节电量约900万kW·h	

续表

序号	名称	适用范围	技术原理	主要节能减排指标	技术产品应用现状和推广前景	技术产品提供方	应用实例	备注
8	集成自然冷却功能的风冷螺杆冷水机组	新建数据中心/在用数据中心改造	风冷螺杆冷水机组集成自然冷却功能,具有压缩机制冷、完全自然冷却制冷、压缩机制冷+自然冷却制冷三种运行方式	1.综合能效:大于6.0; 2.与常规风冷螺杆冷水机组相比,可节能36%以上	预计未来5年市场容量将达到30亿元	顿汉布什(中国)工业有限公司	某数据中心:安装自然冷却风冷全封闭螺杆冷水机组4台(3用1备),年节省电力约200万kW·h	
9	节能型自然冷却冷却塔	新建数据中心/在用数据中心改造	在传统横流式冷却塔的基础上,应用低气气水比技术路线,降低冷却塔耗能,同时减少漂水	1.热力性能:≥100%; 2.耗电比:≤0.030 kW/(h·m³); 3.漂水率:0.000 092%	预计未来5年市场规模将增长至6亿元/年	湖南元亨科技股份有限公司	某数据中心:冷却水流量3 200 m³/h,每年节省用电26.1万kW·h,节约用水约1.1万t	缺水地区不适宜使用
10	氟泵多联循环自然冷却技术及机组	新建数据中心/在用数据中心改造	低温季节,压缩机停止运行,制冷剂通过制冷泵在室外和室内进行循环。过渡季,将冷量带入室内压缩机与制冷泵一起使用,最大限度地利用自然冷源。在高温季节,开启压缩机制冷模式	全年能效比(AEER):整机可大于8.5	预计未来5年应用规模将超过2万套/年	深圳市艾特网能技术有限公司、深圳市英维克科技股份有限公司、广东海悟科技有限公司、依米康科技集团股份有限公司、维谛技术有限公司	某数据中心:总制冷量70 kW,相对于传统风冷型机房空调满负荷运行下节电达36.6%以上	适用于全年有较多低温时间15℃的地区
11	间接蒸发冷却技术及机组	新建数据中心	利用湿球温度低于干球温度的原理,通过非直接接触式换热器,将给定冷量较高温度的冷水预冷数据中心的冷却回风,实现风自然风和蒸发冷却相结合,从自然环境中获取冷量的目的	年综合能效比可大于15	预计未来5年市场份额达到10%~20%	深圳市英维克科技股份有限公司、深圳易信科技股份有限公司、依米康科技集团股份有限公司、华为技术有限公司	某数据中心:占地2 000m²,机柜数量480个;节能量:28%	

225

续表

序号	名称	适用范围	技术原理	主要节能减排指标	技术产品应用现状和推广前景	技术产品提供方	应用实例	备注
12	风墙新风冷却技术	新建数据中心	将室外自然新风经过处理以后引入机房内,对设备进行冷却降温	与传统精密空调系统相比,系统可节电约60%	预计未来5年市场份额达到10%~20%	深圳市英克科维技股份有限公司	北方某数据中心:建设容量10万台服务器。充分利用自然冷源,配合高效供电系统,可实现PUE低至1.1	适用于空气质量相对较好的区域
13	模块化集成冷源技术	新建数据中心	通过工厂预制的方式,将冷源、配套设备、智能节能系统、自然冷源系统等部分进行集成,根据冷量需要做不同冷量的模块化集成冷源站。在项目现场可实现整体系统节能	1. PUE值可降低至1.24; 2. 整体能效运行效率可达0.65 kW/t	预计未来5年,集成冷源站市场规模约50亿元	南京佳力图机房环境技术股份有限公司	某高性能计算中心:采用模块化集成冷源站2套,制冷量130RT,节能约50%	
14	模块化集成式房间级空调	新建数据中心、在用数据中心改造	采用多维度回风换热技术、模块化组合技术,匹配负荷动态变化控制技术,实现机组噪声降低、风机数量减少,提升能效	1. 全年能效比(AEER)可达4.48; 2. 机组占地面积可减小10%	预计未来5年普及率达到10%~20%	珠海格力电器股份有限公司	广东某数据中心:采用30~100 kW冷量机房空调83台,运行可节省电量288.5万kW·h	强磁场、高盐碱、高酸性以及电压极不稳定场合不适宜使用;海拔超1 000 m需降额使用
15	直流变频行列间空调	新建数据中心、在用数据中心改造	空调部署在机柜排中,紧靠热源安装,动态匹配数据中心的负载需求,是中高密度数据中心的一种高效散热方案。该技术采用永磁同步变频压缩机、EC直流无刷风机,电子膨胀阀等关键节能器件,实现接近100%的显热高效。行级低温高效,减少了湿负荷对能源的浪费	与传统方案相比,部分低负载条件下相比传统房间级定频空调可节电约55%	预计未来3~5年市场占有率可达约40%	华为技术有限公司、依米康科技集团股份有限公司	某数据中心:采用直流变频技术。与传统空调方案相比,部分负载可实现节电率约55%	

序号	名称	适用范围	技术原理	主要节能减排指标	技术产品应用现状和推广前景	技术产品提供方	应用实例	备注
16	制冷系统智能控制系统	新建数据中心/在用数据中心改造	通过各类数字技术采集制冷系统各部分运行参数，利用智能技术对数据进行分析诊断，结合制冷需求给出最优控制策略，使制冷系统综合能效最高	系统节能率可达15%~50%	预计未来5年大型数据中心市场推广率可达30%以上	华为技术有限公司、北京嘉木科技有限公司、福建佰时态能源科技有限公司	某数据中心：建筑面积20 000 m²，机柜数量1 500个；年约用电量：275万kW·h	
17	精密空调速节能控制柜	在用数据中心改造	在精密空调压缩机、室内风机供电前端增加节能控制柜，根据室内的温度信号，根据集蒸气压缩式循环理论计算结果，输出相应控制信号控制压缩机、室内风机工作频率，进而达到降低能耗的目的	精密空调应用后：1.整体（包括压缩机和风机）年节能率可达30%；2.空调实际制冷效率可提升到3.36以上	预计未来5年市场占有率可达25%，实现年节电量2.2亿kW·h/年	深圳市共济科技股份有限公司	某数据中心：额定制冷量1MW，共安装10台空调节能控制柜，改造后日均节能量1 331.2 kW·h，节能率21.6%	适用于直膨式定频空调，不适用于冷冻水型空调及变频空调
18	空调室外机雾化冷却节能技术	新建数据中心/在用数据中心改造	雾化器将水雾挥洒并覆盖在风冷式空调冷凝器的平行进风侧的蒸发冷却空气的温度，通过水雾进入冷凝器低温冷却空气温度，并实现智能化控制	与传统风冷式精密空调相比，可节电约12%~25%	预计未来在老旧风冷数据中心改造中有较大的推广潜力	天来节能科技（上海）有限公司	某数据中心：安装268套空调雾化冷却设备，节能率约16.93%，年节电量约93万kW·h	需要关注水质和翅片腐蚀以及冬季防冻问题

续表

序号	名称	适用范围	技术原理	主要节能减排指标	技术产品应用现状和推广前景	技术产品提供方	应用实例	备注
19	风冷空调室外机湿膜冷却节能技术	新建数据中心/在用数据中心改造	在风冷空调（或热管）的室外冷凝器进风口增加一个室外冷凝器湿膜过滤装置，空气经过湿膜时，通过湿膜中的水蒸发冷却降低冷凝器的进风温度	室外机冷凝器的冷凝温度每降低1℃：1.相应主机电流会降低2%；2.产冷量提高1%；3.综合计算可节能3%	预计在未来5年内实现推广量5万台，可形成节碳量167 000 tce/a，CO₂减排量416 500 t/a	四川斯普信信息技术有限公司	某数据中心项目规模：55台机房精密空调；外机节能改造；节能率：≥3%	一般要求室外干球温度≥10℃，且干球湿球温差≥2℃
20	热管冷却技术及空调	新建数据中心	通过小温差驱动热管系统内部工质形成自适应的动态气液相变循环，把数据中心内IT设备的热量带到室外，实现室内外无动力、自适应平衡的冷量传输。具体实现有热管背板、热管列间空调等形式，具有系统安全性高，空间利用率高，换热效率高，可扩展性强，末端PUE值低，可维护性好等特点	与传统空调系统相比，可节电约30%	未来5年热管背板冷却技术的应用规模预计将超过5万套/年	北京纳源丰科技发展有限公司、四川斯普信信息技术有限公司、浙江盾安人工环境股份有限公司、南京佳力图机房环境技术股份有限公司	某数据中心机柜数量：3 000台。采用管冷却技术可实现年电量节约7 000 kW·h/机柜	1.采用自然冷源节能效果好，但受环境条件限制。2.采用重力式热管空调，要求DCU底部距机组顶部距离大于1 m，且不得有回环管路
21	复合冷源热管冷却技术及空调	新建数据中心/在用数据中心改造	在热管冷却技术基础上，冷源端集成强制风冷、蒸发冷制冷方式，氟泵、压缩机等，以进一步增强热管技术的适用性和节能性	年综合能效比（COP）可达6.0以上	预计未来5年应用规模将超过1万套/年	北京纳源丰科技发展有限公司、深圳市英维克科技股份有限公司	某数据中心机房建设面积500㎡，机架数104架，节能量92万kW·h/年	需保障热管系统利用重力循环驱动所需高度差

续表

序号	名称	适用范围	技术原理	主要节能减排指标	技术产品应用现状和推广前景	技术产品提供方	应用实例	备注
22	无机相变储能材料蓄冷技术	新建数据中心/在用数据中心改造	利用相变潜热远高于显热的特点被动存储和释放能量	1. 使用周期：≥10年；2. 相变温度：1~40℃；3. 可以通过并联的方式形成超过2 000 kW的备冷能力，无需热备或管路开关的切换，零秒启动	预计未来应用迅猛发展	北京中瑞森新能源科技有限公司	某数据中心2015年12月建设，年节电28 908 kW·h	
23	水蓄冷技术	新建数据中心/在用数据中心改造	利用数据中心峰谷电价差，在夜间电价低谷时段用主机给蓄冷设备启动蓄冷，白天用电价高峰时段释放。当发生停电事故时，蓄冷设备切换为释冷模式，与二次侧循环空调水管及末端循环系统为数据机房供冷泵、循环水管路组成应急冷冻机房供冷	1. 蓄冷密度：7~11.6 kW/m³；2. 放冷速度，大小可依需冷负荷而定；3. 可即需即供，无时间延迟	预计未来5年在大型数据中心应用领域平均以100%的年增速增长	北京英特新能源技术有限公司	某数据中心：空调冷负荷为21 500 kW。在室外设水蓄冷罐，体积约5 000 m³，夜间利用电谷价蓄冷，白天峰价时放冷，蓄冷罐可同时连续供冷和冷却水蓄水要求。整个系统PUE能达到1.5以内	
24	水平送风AHU冷却技术	新建数据中心	将空调设备机房与数据中心机房同层设置，冷却空气通过中间隔断送入机房对服务器进行冷却。通过改变空气流动方向，减少约50%的气流流动的阻力，降低空气流动阻力，减少了风机电能消耗，并可取消架空地板空调设备	与传统精密空调相比，可节电约20%	预计未来5年市场占有率可达10%~20%	北京百度网讯科技有限公司	某数据中心：约600台机架采用水平送风AHU技术，PUE为1.21	

续表

序号	名称	适用范围	技术原理	主要节能减排指标	技术产品应用现状和推广前景	技术产品提供方	应用实例	备注
25	全密闭动态均衡供冷风能技术	在用数据中心风冷节能改造	在机柜前后门全密闭冷热隔离供冷的基础上，机柜内垂直方向分上、中、下三个区域分别通过整控模型计算控制送风和回风，通过末端冷源供求精准控制前端冷量，实现区域差异化动态均衡送风供冷	与简单冷通道隔离相比，空调系统可节电35%~40%	预计未来5年市场占有率可达15%	广州汇安科技有限公司	某数据中心：采用8套全密闭动态均衡冷风供冷节能单元（16个42U机架），IT设备设计总功率约为60kW。可实现节电率约35%，年节电量约24万kW·h	
26	顶置自然冷对流换热效率零功耗冷却技术	新建数据中心/在用数据中心改造	顶置冷却单元OCU由表冷器以及辅助结件构成，表冷器布置在服务器机柜上方，利用热压效应实现自然对流冷却。并通过动态冷却控制方案，实现按IT设备所需进行供给	顶置冷却单元OCU采用无风扇冷却设计，无机械运动部件，实现空调末端"零功耗"	预计未来在中高功率密度服务器、同一单元内功率密度接近的数据中心均可推广应用	北京百度网讯科技有限公司	某数据中心：1. 规模：约1 800个8.8 kW服务器机柜；2. 节能量：对比传统精密空调方案，IT负荷平均约4 000 kW，PUE降低约0.1	要求机房层高不低于4.5 m
27	机柜热通道自适流气流优化应用技术	新建数据中心/在用数据中心改造	以计算机机控柜或封闭热通道内的服务器机柜的温度，压力等进行测量，优化气流组织，使服务器在任何负荷下都能在适当温度的状况下正常工作	与普通冷通道方式相比，可提高空调出风口温度3~8℃，节能源省15%~20%，提升机房机柜密度50%~100%	预计未来5年可改造20万台机柜，新安装5万台机柜	北京思博康科技有限公司	某数据中心改造后IT设备的总功率由原来的139.6 kW增加到405 kW（未增加机房空调，5备1用）	

续表

序号	名称	适用范围	技术原理	主要节能减排指标	技术产品应用现状和推广前景	技术产品提供方	应用实例	备注
28	节能高效通风冷却系统	新建数据中心/在用数据中心改造	通过叶片及叶轮基于空气动力学的优化，以及高效电机、智能气动调整转速技术的应用，使风机实现节能降噪，并可根据冷量需求实现智能控制转速	1. 通风机效率高于国标1级能效；2. 比A声级≤35.0 dB	预计未来5年其市场容量将达到50亿元，未来5年市场占有率可达50%	威海克莱特菲尔风机股份有限公司	某数据中心：项目配套节能高效轴流风机，降低能耗30%以上	适应环境温度−40~80 ℃，湿度不限
29	一体式智能变频泵	新建数据中心/在用数据中心改造	通过对变频器的二次开发、内置水泵特性曲线，实现根据负荷变化自动调节水泵频率	1. 频率变化范围15~60 Hz；2. 可节能（电机功耗减少）70%以上	预计未来5年市场占有率可达50%	艾蒙斯特朗流体系统（上海）有限公司	某数据中心：实际流量为设计流量的54%时，实际功耗为设计功耗的36%，满足ASHRAE的节能要求	
30	数据中心液/气双通道冷却技术	新建数据中心	根据数据中心服务器的热场特征，采用液/气双通道冷却路线：高热流密度元器件（例如CPU）采用"接触式"液冷通道散热；低热流密度元器件（例如主板等）采用"非接触式"气冷通道散热	1. 数据中心PUE：≤1.2；2. 服务器CPU满负荷条件下工作温度：低于60 ℃；3.单机架装机容量：≥25 kW	预计未来5年普及率能达到10%以上，并且每年以不低于10%的增长率获得推广应用	广东申菱环境系统股份有限公司	某数据中心：采用14台液冷系统业务机架，装机容量93 kW。项目节能量约每年134吨标准煤	

续表

序号	名称	适用范围	技术原理	主要节能减排指标	技术产品应用现状和推广前景	技术产品提供方	应用实例	备注
31	数据中心单相用浸没式液冷技术	新建数据中心/在用数据中心改造	将IT设备完全浸没在冷却液中，通过冷却液循环进行直接散热，无需风扇	1. 制冷/供电负载系数（CLF）为0.05~0.1；2. 可实现静音数据中心	预计我国未来应用前景广阔	深圳绿色云图科技有限公司	某数据中心：应用80 kW产品共三组，IT设备运行平均负载33 kW。PUE累计值1.1	
32	冷板式液冷服务器散热系统	新建数据中心/在用数据中心改造	由CDM中输出制冷剂，由竖直分液器送入机箱，由水平分液器送入服务器中。通过液冷板等高效热传导部件，将被冷却对象的热量快速传递到冷媒中	1. 风扇功耗可降低60%~70%，空调系统能耗可降低80%（北方地区）；2. PUE值低于1.2	预计未来5年内，使用率可以提高至15%	曙光节能技术（北京）股份有限公司	某数据中心：机房总功率超过700 kW。主要设备包括36个机柜、18台液冷分配模块等。实测平均PUE为1.17	
33	R-550制冷剂	新建数据中心/在用数据中心改造	四元混合制冷剂，凝固点低，蒸发潜热大，单位时间内降温速度快	1. 节能率可达到25%~35%；2. 在大气中生存年限0~3年，温室效应指数为0~3	通信机房和通信基站节能数据：按25%节能率计算，年可总节电约60亿kW·h	湖北绿冷高科节能技术有限公司	某数据中心：节能改造后平均节能率28%	原HBR-22A制冷剂
34	氟化冷却液	新建数据中心/在用数据中心改造	可广泛实现物质兼容，具有良好的介电常数和强度，可实现电性能绝缘性，具有完善的毒性数据，指导可用于浸没冷系统对IT设备进行冷却	1. 产品沸点可选范围34~174℃；2. 不含nPB、HAP、三氯乙烯和全氯乙烯等受限物质及26种电子设备常见的有害物质；3. 臭氧消耗潜能值（ODP）为零	预计5年后，将有超过10%的数据中心采用浸没冷却技术	3M中国有限公司	某数据中心：服务器总功率约为2000 kW，PUE约为1.07	

续表

序号	名称	适用范围	技术原理	主要节能减排指标	技术产品应用现状和推广前景	技术产品提供方	应用实例	备注
35	湿膜加(除)湿机	新建数据中心/在用数据中心改造	加湿方式为:输送机房相对干燥、高温过湿膜加湿;除湿方式为:输送机房相对湿润的空气通过冷凝器液化实现对湿度的控制;可对水进行循环利用	相比常规红外恒湿机、电极式恒湿机,节能率可达80%以上	预计在未来5年内可推广10 000台	四川斯普信信息技术有限公司	某数据中心:应用湿膜加(除)湿机(10 kg/h加湿量)4台,项目年节能量6.36万kW·h	
36	自加湿精密空调机房精密空调	新建数据中心/在用数据中心改造	根据环境湿度,控制布水器将净水从精密空调蒸发器(或表冷器)的翅片顶部均匀流下,在翅片表面形成水膜。不饱和空气从翅片间穿过时,达到自加湿效果。此外还具备飘水监测功能、冲洗功能	相比同等加湿量的电极式加湿器,加湿所需能耗仅为其1.1%	预计5年内可推广7 500台	河南晶锐冷却技术股份有限公司	某数据中心:采用自加湿精密空调3台,年节电能约6 000 kW·h	
(三) 高效IT技术产品								
37	整机柜服务器技术	新建数据中心	以机柜为单位采用模块化设计,集中电源进行供电,中风扇墙进行集中散热,集中管理模块进行智能管理。模块化设计更有利于大规模数据中心交付和运维,所有服务器节点、电源、风扇和管理模块都可以单独进行维护,无须停机	散热效能提升70%,整体能效可提高10%~20%	预计潜在普及率为40%~50%	北京百度网讯科技有限公司	某数据中心:采用1 200台整机柜服务器,可容纳约4万台服务器。估算约可实现年节电量4 663万kW·h	

续表

序号	名称	适用范围	技术原理	主要节能减排指标	技术产品应用现状和推广前景	技术产品提供方	应用实例	备注
38	温水水冷服务器	新建数据中心	采用45℃的温水作为冷媒的冷却方式对计算机服务器进行冷却。采用同接式冷服务器可直接应用。在大多数地区可采用自然冷源，大规模应用下可进行热回收	PUE可低于1.1	预计未来5年内国内的水冷服务器市场规模将成倍数增长	联想(北京)信息技术有限公司	某数据中心：进水温度40～45℃，冷却用水由自然冷却系统提供，系统PUE值为1.1	节能效果与所在地区年温度变化曲线有关
39	冷板式液冷服务器	新建数据中心	利用液冷媒介，通过液冷板等高效导热部件将中同热量传输到液冷服务器中。可有效解决中高密度冷却系统中的散热问题，降低能耗且降低噪声	1.与同等配置的风冷服务器相比，服务器节电46.8%；2.噪声可降至45 dB	预计未来5年市场占有率可达10%	曙光信息产业(北京)有限公司	某数据中心：与传统风冷服务器相比，节电率约45%，年节电量275.6万kW·h	
40	基于ARM64位架构低功耗服务器技术	新建数据中心	基于ARM64位架构进行定制化设计，利用其单颗多核CPU的多核设计，成本低功耗优势，与业务点充分结合，设计开发双路服务器	同性能需求配置下，单节点功耗可节省40 W，实现TCO收益提升35%	预计潜在普及率10%以上	北京百度网讯科技有限公司	某数据中心：应用100台服务器，服务器年节电约3.7万kW·h	
41	基于GPU加速的异构计算技术	新建数据中心	基于高速总线互联架构将计算卡解耦，池化设计，实现1机多卡、1机1卡、多机单卡和多机多卡灵活资源配置	对比传统GPU服务器，功耗可降低7%以上，TCO优化5%以上	预计未来潜在普及率10%以上	北京百度网讯科技有限公司	某数据中心：应用43个机柜，年节电约35.9万kW·h	
42	长效大容量光盘库存储技术	新建数据中心/在用数据中心改造	充分利用蓝光光盘存储的特点构造高密度蓝光盘库技术对光盘进行科学管理，实现海量信息数据的长期安全存储，快速调阅查询和专业归档管理以及智能化离线管理	存储设备可节电约80%	预计未来几年存储容量将保持40%以上的增长速度	华录光存储研究院(大连)有限公司、深圳市爱思拓信息存储技术有限公司	某数据中心：1.运行时间：2007年至今；2.数据规模：110 TB级以上；其中冷数据占比高达85%以上；3.节电率：80%以上	需满足存储温度、运行环境温度、海拔、湿度等运行环境要求

续表

序号	名称	适用范围	技术原理	主要节能减排指标	技术产品应用现状和推广前景	技术产品提供方	应用实例	备注
43	磁光电融合存储技术	新建数据中心	结合蓝光光盘和硬盘存储各自特点，采用磁光电多级存储融合和全光盘库虚拟化存储机制，将固态存储（电）、硬盘（磁）、光存储（光）有机结合组成一个存储系统，分别对应热、温、冷数据的存储	存储设备可节电约80%	预计未来5年，国内市场需求量超过200亿元	武汉光忆科技有限公司、武汉光谷高清科技发展有限公司、广东绿源巢信息科技有限公司	某数据中心：建筑面积310 m²。数据存储容量60 PB，每年实际耗电量5.2万kW·h，节电约26万kW·h	
（四）高效供配电技术产品								
44	高效不间断电源（UPS）	新建数据中心/在用数据中心改造	在电网供电正常时，去除电网中的高频干扰，并将交流电转换为平滑直流之后分为两路，一路进入充电器对蓄电池充电，另一路供给逆变器，将直流电转换成220 V/50 Hz的交流电供负载使用。当发生市电中断时，蓄电池放电把能量输送到逆变器，再由逆变器把直流电变成交流电，供负载使用	最高效率点96.5%	预计我国未来应用前景广阔	伊顿电源（上海）有限公司	某数据中心：整机效率高达96%以上，帮助实现年均PUE1.25（最低可达1.13）	
45	模块化不间断电源（UPS）	新建数据中心/在用数据中心改造	UPS各个功能单元采用模块化设计，整机具有数字化、智能化等特点，可实现网络化管理	整机系统效率可达95%以上	预计未来5年市场占有率可达约50%	华为技术有限公司、先控捷联电气股份有限公司、施耐德电气（中国）有限公司信息技术（中国）有限公司	某数据中心：负载890 kW，效率达到96%，相比传统工频UPS可节电约5%，年节电约39万kW·h	

续表

序号	名称	适用范围	技术原理	主要节能减排指标	技术产品应用现状和推广前景	技术产品提供方	应用实例	备注
46	10 kV交流输入的直流不间断电源系统	新建数据中心	将原有配电链路中的中压隔离柜、变压器柜、低压配电柜组、HVDC柜四类设备优化整合为一套电源，在电路拓扑上将五个变换环节优化为两个环节，从而简化配电链路，提高了供电效率	10%～100%负载下模块效率>97%，模块最高效率>98%；整机最高效率97.5%	预计未来5年应用比例可达30%左右	阿里云计算有限公司	某数据中心：建筑面积2万m²，外市电容量25 MW，共采用1.8 MW电源8台，年节电约443万kW·h	1. 机房最小颗粒容量电力容量>500 kW；2. 具备10 kV外市电进线
47	SGB13型敞开式立体卷芯铁芯干式变压器	新建数据中心/在用数据中心改造	铁芯由三个完全相同的矩形单框拼合而成，拼合后的铁芯的三个心柱呈星形三角形立体排列。磁力线与铁芯材料易磁化方向完全一致，三相磁路无接缝	1. 容量：2 500 kVA；2. 空载损耗：2.438 kW；3. 空载电流：0.13%	每年推广1万台，一年可减少燃烧标准煤18.1万吨，减少二氧化碳排放量47.9万吨	海鸿电气有限公司	某数据中心：应用2台敞开式立体卷芯干式变压器，年节约用电8万kW·h	
48	SCB13-NX1智能型环氧浇注型干式变压器	新建数据中心/在用数据中心改造	铁芯叠片型式为45°全斜接缝步进搭接；低压线圈采用箔绕技术，绕组在短路情况下实现零轴向短路应力；高压线圈采用树脂绝缘体系满足能效1级负载损耗要求；系统可实时预估出干式变压器的老化速率及绝缘剩余寿命	《三相配电变压器能效限定值及能效等级》（GB 20052—2013）能效1级	预计我国未来应用前景广阔	施耐德电气（中国）有限公司	某数据中心：应用24台环氧浇注干式变压器，同常规应用的干变相比，年节用电约48万kW·h	

续表

序号	名称	适用范围	技术原理	主要节能减排指标	技术产品应用现状和推广前景	技术产品提供方	应用实例	备注
49	智能配电监测管理系统	新建数据中心/在用数据中心改造	通过对配电系统的电气设备运行参数数据的信息监测采集、设备效率老化率分析，实现对数据中心配电基础设施的智能管理	可用度可达99.99%以上	预计我国未来应用前景广阔	施耐德电气（中国）有限公司	某数据中心：分三期投入运行，实现节能4%，减少运维人员需求10%	
50	飞轮储能装置	新建数据中心/在用数据中心改造	从外部输入的电能驱动电动机带动飞轮旋转存储动能。当外部负载需要能量时，旋转的飞轮带动发电机发电，再通过电力电子变换装置变成负载所需的各种频率、电压等级的电能，以满足不同的需求	1. 输出功率：≥100 kW；2. 放电电压：360～550 VDC；3. 放电时间：≥15 s（100%负载）；4. 待机充电电压：400～600 VDC	基于市场对于UPS不间断电源的需求，预计2023年新增市场规模将达100亿元	二重德阳储能科技有限公司	某数据中心：应用100 kW飞轮储能产品已连续稳定运行18个月	

（五）高效辅助技术产品

序号	名称	适用范围	技术原理	主要节能减排指标	技术产品应用现状和推广前景	技术产品提供方	应用实例	备注
51	电化学法循环冷却水处理技术	新建数据中心/在用数据中心改造	以化学技术为核心，通过在水体中发生系列电解反应，达到降低水体硬度、杀菌灭藻和防止腐蚀的作用	1. 节省药剂：100%；2. 节约用水：30%～70%；3. 减少排污：80%～100%；4. 提高能效：1%～3%	可广泛用于数据中心冷却水处理	北京中睿水研环保科技有限公司	某节水技改项目：项目投资25万元，年减少药剂使用、清洗维护、用水及排污等支出合计9万元	1. 需要约20 m²空间面积；2. 寒冷地区需采取相应措施

续表

序号	名称	适用范围	技术原理	主要节能减排指标	技术产品应用现状和推广前景	技术产品提供方	应用实例	备注
52	交变脉冲电磁波循环冷却水处理技术	新建数据中心/在用数据中心改造	运用远低于10万Hz的特定频率范围的交变脉冲电磁波,激励水分子产生共振,以纯物理方式解结垢、利腐蚀问题,抑制微生物滋生繁殖	1.节省药剂:100%; 2.浓缩倍率:≥6; 3.节约用水:>30%	可广泛用于数据中心冷却水处理	上海莫秋环境技术有限公司	某数据中心:浓缩倍数从改造前约3倍提升到改造后的约6倍,年节水约2万t	1.补充水硅酸(以SiO₂计)≤60 mg/L; 2.寒冷地区需采取相应保温措施
二、可再生能源利用、分布式供能和微电网建设技术产品								
53	燃气式分布式供能技术及集成套化成装置	新建数据中心/在用数据中心改造	以天然气为主要燃料带动燃气轮机、内燃机等发电设备运行,产生的电力直接供用户使用,发电后排出的余热通过余热回收利用设备(溴化锂机组、烟气换热器、余热锅炉等)向用户供热、供冷,实现能源的梯级利用	1.综合能源利用效率可达80%以上; 2.碳排放可减少约50%	预计未来随着分布式能源的不断推广,规模将进一步扩大	江苏凤凰数据有限公司、远大空调有限公司	某数据中心:天然气分布式供能项目,可实现年节约标煤6 582.38吨,年碳排放消减量1.76万吨	
54	分布式并网光伏并网发电技术	新建数据中心/在用数据中心改造	将太阳能组件产生的直流电经过并网逆变器转换成与市电同频率、同相位的正弦波电流,直接接入公共电网	1.并网逆变器最大效率:98.9%; 2.总谐波失真:≤3%; 3.并网逆变器防护等级:IP65	随着光伏系统建设成本尤其是组件价格的进一步下降,预计未来5年的推广前景进一步向好	易事特集团股份有限公司	某数据中心:建成0.2 MW分布式光伏发电系统,满足办公用电需求	

三、废旧设备回收无害化处理技术产品

序号	名称	适用范围	技术原理	主要节能减排指标	技术产品应用现状和推广前景	技术产品提供方	应用实例	备注
55	废旧锂离子电池无害化处理技术	新建数据中心/在用数据中心改造	本技术以废旧二次电池为主要原料,采用拆解、检测及重组等梯次利用技术,以及焙烧、物理分选、湿法冶金等有价元素回收技术对废旧二次电池进行无害化处理	1. 可高效回收钴、镍、锰、锂等元素; 2. 工艺废水循环利用率:90.16%	预计2025年废旧动力电池回收市场规模将达到126 GW·h	赣州市豪鹏科技有限公司	已建成年回收10 000吨废旧电池回收基地,拥有江西省首个废旧电池回收工程示范中心	需符合当地环保要求
56	废旧铅蓄电池高效利用处理技术	新建数据中心/在用数据中心改造	通过全自动精细破碎分选系统、热分解与交互反应、低温熔铸新工艺及成套设备等联合,对废旧铅蓄电池的各部分进行回收再利用。生产过程产生的废水分质分类处理达标进行回用	1. 处理产能10~100万吨; 2. 一次铅产出率达到70%以上	铅酸蓄电池年报废量则达到500万吨,目前数据中心使用的铅酸电池约占整个铅酸电池消费的10%	安徽华铂再生资源科技有限公司	项目年处理废旧铅蓄电池60万吨,铅蓄电池综合利用率超过99.9%	需符合当地环保要求

四、绿色运维管理技术产品

序号	名称	适用范围	技术原理	主要节能减排指标	技术产品应用现状和推广前景	技术产品提供方	应用实例	备注
57	集群系统综合调度节能方法及装置	新建数据中心/在用数据中心改造	通过获取集群系统中每个分机的负载数据和环境数据,动态刷新所述数据行状况数据,按照刷新率优先次级从高到低的顺序依次向带有超临界标识的并且是低于预设利用率的分机发送调度请求,实现对集群系统综合调度节能	可为集群计算机系统提供: 1. 分布式能借峰关闭; 2. 开机预热加速; 3. 过热耗电保护等功能	主要适用于各单位自用机房、租赁式数据中心、超级计算中心等。投资仅需机房投入10%,回收期为5年	珠海国芯云科技有限公司	某机房:拥有云化服务器37台、本地电脑110台,3年节省总成本28.2万元	

《磁光电混合存储系统通用规范》解读

续表

序号	名称	适用范围	技术原理	主要节能减排指标	技术产品应用现状和推广前景	技术产品提供方	应用实例	备注
58	数据中心能耗及智能运维管理系统	新建数据中心/在用数据中心改造	通过对数据中心基础设施动力环境及IT基础架构的全面监控及分析，制定出最优化策略对各系统进行实时控制，实现数据中心能效最优	与常规数据中心相比，节电可达30%以上	预计未来5年大型数据中心市场占有率可达约30%	中兴通讯股份有限公司，深圳市共济科技股份有限公司，深圳市盘古运营管理服务有限公司	某数据中心：建筑面积18 921 m²，机柜数量3 196个，平均每年节约电量51.9万kW•h，平均每年节水2 600余吨	
59	机房环境参数测量及AI分析及节能优化技术	新建数据中心/在用数据中心改造	采用可移动便携式测量平台或成机器人搭载传感器，短时间内完成机房空间内的温湿度和空气流量等环境参数测量，通过建立云图进行热点分析和室内气流能效优化。另可结合动环监控系统以及BA系统的历史数据，通过机器学习模型训练，优化数据中心节能运维管理	1.提高测试效率100%以上；2.指导数据中心提高能效利用率10%以上	预计未来普及率可以提升至50%以上	中科赛能（北京）科技有限公司，上海允登信息科技有限公司	某数据中心：应用该技术进行测量分析及改造后，仅半年时间即节约电能约931万kW•h	
60	数据中心后备储能管理系统	新建数据中心/在用数据中心改造	由单体电池采集模块、电池监控主机、电池采集监控软件组成的方式与电池集中监控主机进行信息交互，通过电池集中监控软件对所有蓄电池进行统一监控管理	优化UPS系统的能源使用效率约1%以上	预计未来5年新建数据中心所需系要系统120万套，旧数据中心改造市场需求估计约100万套	科华恒盛股份有限公司	某数据中心：采用产品134套，系统对应UPS额定负载11 880 kW，优化UPS系统的能源使用效率约1%	

续表

序号	名称	适用范围	技术原理	主要节能减排指标	技术产品应用现状和推广前景	技术产品提供方	应用实例	备注
61	数据中心峰值功耗动态管控技术	新建数据中心/在用数据中心改造	将数据层面的机柜服务器以及机柜层面的功耗感知能力融合到云操作系统的资源调度系统,在机柜层面或者是数据中心实现了机柜层面部署功耗池化管理以及按需智能分配	1. 提升机柜服务器平均上架率约20%,最高可至30%; 2. 数据中心实际建设功率平均利用率提高20%	预计综合提高服务器上架率约25%	英特尔中国有限公司	某数据中心: 数据中心实际建设平均利用率提高约20%,实际建设的单位性能产出平均提升约10%	
62	智能机器人巡检系统	新建数据中心/在用数据中心改造	沿自主规划的导航路线对设备进行巡检,通过搭载视频设备和各类传感器实现室内设备智能巡检和监控,也可以人工操作,获取需要监测设备的重要信息	1. 可替代运维人员7×24小时全时巡检; 2. 大量减少机房人员进出频次	预计未来五年国内室内机器人年需求量不低于10 000台	深圳市赛为智能股份有限公司	某电力机房: 利用机器人巡检系统进行定期巡检,可以远程实时查看巡检结果,实时查看机房内实时情况	1. 不适用于易燃易爆环境; 2. 使用环境温度15~55 ℃

注:目录中的节能减排指标是某一或某些企业的实际测量数据,未考虑不同环境、不同区域和不同使用条件下的差异。

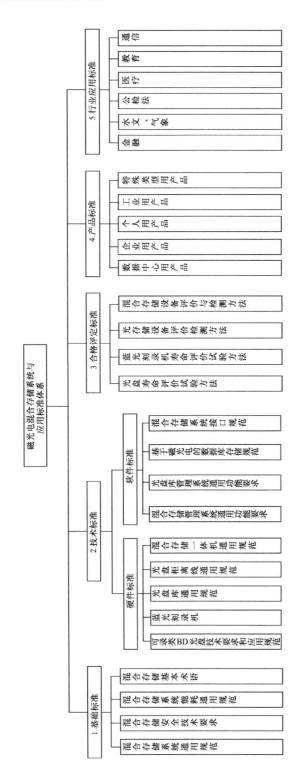

附录F 磁光电混合存储系统与应用标准体系（征求意见稿）

附录G　磁光电混合存储技术和产业发展核心部分
光盘的技术发展路线图（征求意见稿）

GEN 9	待技术确定后更新
GEN 8	16 TB/单碟双面
GEN 7	8 TB/单碟双面
GEN 6	4 TB/单碟双面
GEN 5	2 TB/单碟双面
GEN 4	1 TB/单碟双面
GEN 3	500 GB/单碟双面
GEN 2	300 GB/单碟双面
GEN 1	100 GB/单碟单面

2024年完成原型光驱

附录H　标准概览

本附录整理了磁光电混合存储相关标准，分国家标准、行业标准、国际标准，并且以标准发布时间排序，以便引用。

H.1　国家标准

《数据安全技术　数据分类分级规则》（GB/T 43697—2024）

该标准由全国网络安全标准化技术委员会（TC 260）提出并归口，主管部门为国家标准化管理委员会，2024年3月15日发布，2024年10月1日实施。该标准在国家数据安全工作协调机制指导下，根据《中华人民共和国数据安全法》《中华人民共和国网络安全法》《中华人民共和国个人信息保护法》及有关规定，给出了数据分类分级的通用规则，用于指导各行业领域、各地区、各部门和数据处理者开展数据分类分级工作。

《数据安全技术　大数据服务安全能力要求》（GB/T 35274—2023）

该标准由全国网络安全标准化技术委员会（TC 260）提出并归口，主管部门为国家标准化管理委员会，2023年8月6日发布，2024年3月1日实施。该标准规定了大数据服务提供者的大数据服务安全能力要求，包括大数据组织管理安全能力、大数据处理安全能力和大数据服务安全风险管理能力的要求，适用于指导大数据服务提供者的大数据服务安全能力建设，也适用于第三方机构对大数据服务提供者的大数据服务安全能力进行评估。

《信息安全技术　网络数据处理安全要求》（GB/T 41479—2022）

该标准由全国网络安全标准化技术委员会（TC 260）提出并归口，主管部门为国家标准化管理委员会，2022年4月15日发布，2022年11月1日实施。该标准规定了网络运营者开展网络数据收集、存储、使用、加工、传输、公开等数据处理的安全技术与管理要求，适用于网络运营者规范网络数据收集，以及监管部门、第三方评估机构对网络数据处理进行监督管理和评估。

《信息技术　云计算　云存储系统服务接口功能》（GB/T 37732—2019）

该标准由全国信息技术标准化技术委员会（TC 28）提出并归口，主管部门为国家标准化管理委员会，2019 年 8 月 30 日发布，2020 年 3 月 1 日实施。该标准规定了云存储系统提供的块存储、文件存储、对象存储等存储服务和运维服务接口的功能，适用于指导云存储系统的研发、评估和应用。

《信息技术云计算 分布式块存储系统总体技术要求》（GB/T 37737—2019）

该标准由全国信息技术标准化技术委员会（TC 28）提出并归口，主管部门为国家标准化管理委员会，2019 年 8 月 30 日发布，2020 年 3 月 1 日实施。该标准规定了分布式块存储系统的资源管理功能要求、系统管理功能要求、可扩展要求、兼容性要求和安全性要求，适用于分布式块存储系统的研发和应用。

《模块化存储系统通用规范》（GB/T 35313—2017）

该标准由全国信息技术标准化技术委员会（TC 28）提出并归口，主管部门为国家标准化管理委员会，2017 年 12 月 29 日发布，2018 年 7 月 1 日实施。该标准规定了模块化存储系统的分类、要求、试验方法、质量评定程序、标志、包装、运输和贮存，适用于模块化存储系统的研制、生产和检验。

《附网存储设备通用规范》（GB/T 33777—2017）

该标准由全国信息技术标准化技术委员会（TC 28）提出并归口，主管部门为国家标准化管理委员会，2017 年 5 月 31 日发布，2017 年 12 月 1 日实施。该标准规定了附网存储设备的产品形态、要求、试验方法、质量评定程序、标志、包装、运输和贮存，适用于附网存储设备的研制、生产和检验。

《CD、DVD 类出版物光盘复制质量检验评定规范》（GB/T 33664—2017）

该标准由中华人民共和国国家新闻出版广电总局提出，由全国新闻出版标准化技术委员会（TC 527）归口，主管部门为国家新闻出版署（国家版权局），2017 年 5 月 12 日发布，2017 年 12 月 1 日实施。该标准规定了只读类出版物光盘 CD-DA、VCD、CD-ROM、DVD-Video、DVD-ROM 和可录类出版物光盘 CD-R、DVD-R、DVD+R 的检测项目以及重要程度分类、光盘检测和质量评定规则，适用于只读类和可录类光盘复制质量检测。

《只读类出版物光盘 CD、DVD 常规检测参数》（GB/T 33663—2017）

该标准由中华人民共和国国家新闻出版广电总局提出，由全国新闻出版标准化技术委员会（TC 527）归口，主管部门为国家新闻出版署（国家版权局），

2017 年 5 月 12 日发布，2017 年 12 月 1 日实施。该标准规定了只读类出版物光盘 CD-DA、VCD、CD-ROM、DVD-Video、DVD-ROM 的常规检测参数、参数检测条件和耐候试验，适用于只读类出版物光盘 CD-DA、VCD、CD-ROM、DVD-Video、DVD-ROM 产品的检测。

《可录类出版物光盘 CD-R、DVD-R、DVD+R 常规检测参数》（GB/T 33662—2017）

该标准由中华人民共和国国家新闻出版广电总局提出，由全国新闻出版标准化技术委员会（TC 527）归口，主管部门为国家新闻出版署（国家版权局），2017 年 5 月 12 日发布，2017 年 12 月 1 日实施。该标准规定了可录类出版物光盘 CD-R、DVD-R、DVD+R 的常规检测参数、参数检测条件和耐候试验，适用于可录类出版物光盘 CD-R、DVD-R、DVD+R 产品的检测。

《电子文件管理装备规范》（GB/T 33189—2016）

该标准由中华人民共和国工业和信息化部提出，由全国信息技术标准化技术委员会（TC 28）归口，主管部门为国家标准化管理委员会，2016 年 10 月 13 日发布，2017 年 5 月 1 日实施。该标准规定了电子文件管理过程中涉及的硬件设备和系统，包括输入输出设备、存储设备与系统、处理设备、传输交换设备和信息安全设备等的功能、性能以及技术管理要求，适用于用户规划、设计、实施和运维电子文件管理系统以及电子文件管理过程中所需硬件设备和系统的选择、配置和管理。

《文件管理　130mm 光盘存储信息的监测和验证》（GB/T 30542—2014）

该标准由全国文献影像技术标准化技术委员会（TC 86）提出并归口，主管部门为国家标准化管理委员会，2014 年 5 月 6 日发布，2014 年 11 月 1 日实施。该标准规定了确定记录介质上数据质量的测试方法，适用于 130mm 光盘存储信息的检测和验证。

《文件管理应用　电子数据的存档　计算机输出缩微品（COM）/计算机输出激光光盘（COLD）》（GB/T 30540—2014）

该标准由全国文献影像技术标准化技术委员会（TC 86）提出并归口，主管部门为国家标准化管理委员会，2014 年 5 月 6 日发布，2014 年 11 月 1 日实施。该标准规定了长期确保电子数据完整性、可存取性、可用性、可读性和可靠性而将其存档的技术，适用于多种不同类型的电子数据，诸如文本数据和能够以黑白影像表达的二维图形数据。

《CD 数字音频系统》（GB/T 17576—2011）

该标准由中华人民共和国工业和信息化部提出，由全国音频、视频及多媒体系统与设备标准化技术委员会（TC 242）归口，主管部门为工业和信息化部，2011 年 12 月 30 日发布，2012 年 5 月 1 日实施。该标准规定了影响唱片和唱机之间互换性的 CD 唱片的参数，适用于预录节目光学反射式数字唱片系统，包括直径为 120 mm 和 80 mm 的 CD 唱片。

《硬磁盘驱动器头堆组件通用规范》（GB/T 14080—2010）

该标准由全国信息技术标准化技术委员会（TC 28）提出并归口，主管部门为国家标准化管理委员会，2011 年 1 月 14 日发布，2011 年 5 月 1 日实施。该标准规定了硬磁盘驱动器头堆组件的技术方法、试验方法、校验规则、标志、包装、运输、贮存等，适用于符合 GB/T 12628—2008 的 63.5 mm（2.5 in）和 90 mm（3.5 in）硬磁盘驱动器的头堆组件。

《硬磁盘驱动器通用规范》（GB/T 12628—2008）

该标准由全国信息技术标准化技术委员会（TC 28）提出并归口，主管部门为国家标准化管理委员会，2008 年 7 月 18 日发布，2008 年 12 月 1 日实施。该标准规定了硬磁盘驱动器的技术要求、试验方法、检验规则、标志、包装、运输、贮存等，适用于 2.5 in 和 3.5 in 硬磁盘驱动器。

《信息技术　信息交换用 130mm 盒式光盘 容量：每盒 2.6G 字节》（GB/T 19969—2005）

该标准由中华人民共和国信息产业部提出，由全国信息技术标准化技术委员会（TC 28）归口，主管部门为国家标准化管理委员会，2005 年 11 月 8 日发布，2006 年 5 月 1 日实施。该标准定义了一系列相关的不同指定类型的 130 mm 盒式光盘。一张盘片具有两面，称为面 A 和面 B。每面的标称容量为 1.3 GB。该标准作了下列规定：一致性测试的条件和参考驱动器；盒式光盘的操作、存贮环境；盒式光盘的机械特性、物理特性和几何尺寸，以保障数据处理系统的机械可交换性；盘片上模压的和用户写入的信息格式、包括道和扇区的物理位置，采用的纠错码和调制方式；盘片上模压信息的特性；盘片上的磁光特性，以使处理系统能将数据写入到盘片上；盘片的用户写入数据的最低质量、以使数据处理系统能从盘上读出数据。该标准提供了光盘驱动器之间的交换。该标准与一个关于文卷和文件结构的标准一起提供了数据处理系统之间的全数据交换。

《信息技术　130 mm 盒式光盘上的数据交换容量：每盒 1.3 G 字节》(GB/T 18807—2002)

该标准由中华人民共和国信息产业部提出，由全国信息技术标准化技术委员会(TC 28)归口，主管部门为国家标准化管理委员会，2002 年 8 月 9 日发布，2003 年 4 月 1 日实施。该标准作了下列规定：一致性测试的条件；盒式光盘的操作、存贮环境；盒式光盘和盘盒的机械特性、物理特性和几何尺寸，以保障数据处理系统的机械可交换性；盘上模压的和用户写入的信息格式，包括道和扇区的物理位置，采用的纠错码和调制方式；盘上模压信息的特性；盘的磁光特性，以使处理系统能将数据写入到盘上；盘上用户写入数据的最低质量，以使数据处理系统能从盘上读出数据。该标准提供了光盘驱动器之间的互交换。该标准与一个关于文卷和文件结构的标准一起提供了数据处理系统之间的全数据交换。

《信息技术　130 mm 一次写入多次读出磁光盒式光盘的信息交换》(GB/T 18141—2000)

该标准由中华人民共和国电子工业部提出，由全国信息技术标准化技术委员会（TC 28）归口，主管部门为国家标准化管理委员会，2000 年 7 月 14 日发布，2001 年 3 月 1 日实施。该标准规定了：基本概念的定义；性能测试的环境；盒式光盘的操作、储存环境；盘盒和盘片的机械、物理特性和几何尺寸；盘片一次初始化、信息一次记录多次读出的磁光特性和记录特性，以便在数据处理系统之间提供物理交换性；道和扇区的物理格式、纠错码、记录的调制方法和记录信号的特性。

《信息技术　130 mm 盒式光盘上的数据交换 容量：每盒 1 G 字节》(GB/T 18140—2000)

该标准由中华人民共和国电子工业部提出，由全国信息技术标准化技术委员会（TC 28）归口，主管部门为国家标准化管理委员会，2000 年 7 月 14 日发布，2001 年 3 月 1 日实施。该标准规定了具有 1 GB 容量的 130 mm 盒式光盘（ODC）的特性，定义了两类（R/W 型、W/O 型）相关而又有所区别的盒式光盘。

《信息技术　信息交换用 130 mm 一次写入盒式光盘　第 1 部分：未记录盒式光盘》（GB/T 17704.1—1999）

该标准由中国航空工业总公司提出，由全国信息技术标准化技术委员会（TC 28）归口，主管部门为国家标准化管理委员会，1999 年 3 月 23 日发布，1999 年 10 月 1 日实施。该标准规定了未记录盒式光盘的基本概念、性能测试环境、盒式光盘的操作及存储环境、盘盒和光盘的机械物理特性和几何尺寸等内容。

《信息技术　信息交换用 130 mm 一次写入盒式光盘　第 2 部分：记录格式》（GB/T 17704.2—1999）

该标准由中华人民共和国电子工业部提出，由全国信息技术标准化技术委员会（TC 28）归口，主管部门为国家标准化管理委员会，1999 年 3 月 23 日发布，1999 年 10 月 1 日实施。该标准规定了道和扇区物理布局的两种格式、纠错码、记录的调制方式及记录信号的质量。

《CAD 电子文件光盘存储、归档与档案管理要求　第一部分：电子文件归档与档案管理》（GB/T 17678.1—1999）

该标准由国家档案局提出，由国家档案局经济科技档案业务指导司归口，主管部门为国家档案局，1999 年 2 月 26 日发布，1999 年 10 月 1 日实施。该标准规定了 CAD 生成的电子文件收集、积累、整理、鉴定、归档与档案管理的一般要求，适用于光盘存储 CAD 产生的电子文件及电子档案。

《CAD 电子文件光盘存储、归档与档案管理要求　第二部分：光盘信息组织结构》（GB/T 17678.2—1999）

该标准由国家档案局提出，由国家档案局经济科技档案业务指导司归口，主管部门为工业和信息化部（电子），1999 年 2 月 26 日发布，1999 年 10 月 1 日实施。该标准规定了 CAD 电子文件在光盘中的组织结构，是进行光盘信息交换和光盘归档时的重要依据，适用于建立 CAD 电子文件光盘档案系统。

《CAD 电子文件光盘存储归档一致性测试》（GB/T 17679—1999）

该标准由中国标准化研究院（424-cnis）提出并归口，主管部门为国家市场监督管理总局，1999 年 2 月 26 日发布，1999 年 10 月 1 日实施。该标准规定了 CAD 电子文件光盘存储一致性测试的基本框架和测试方法。适用于 CAD 电子文件光盘存储格式的一致性检测，也适用于 CAD 电子文件光盘存储、归档与档案管理系统的一致性检测。

《信息技术　数据交换用 90 mm 可重写和只读盒式光盘》(GB/T 17234—1998)

该标准由中华人民共和国电子工业部提出，由全国信息技术标准化技术委员会（TC 28）归口，主管部门为国家标准化管理委员会，1998 年 2 月 26 日发布，1998 年 10 月 1 日实施。该标准规定了利用热 - 磁和磁 - 光效应进行多次写入、读出和擦除数据的 90mm 盒式光盘（ODC）的特性。

《信息技术　信息交换用 130 mm 可重写盒式光盘》(GB/T 16971—1997)

该标准由中华人民共和国电子工业部提出，由全国信息技术标准化技术委员会（TC 28）归口，主管部门为国家标准化管理委员会，1997 年 9 月 2 日发布，1998 年 4 月 1 日实施。该标准规定了：基本概念的定义；性能测试的环境；盒式光盘的操作，存贮环境；盘片和盘盒的机械，物理，外形特性；磁光特性和记录特性，利用这些特性进行信息的读出，写入和多次擦除，以提供数据处理系统之间的物理交换；道和扇区的物理布局的两种格式，纠错码，记录的调制方法和记录的信号的特性。

《信息技术　信息交换用只读光盘　存储器（CD-ROM）的盘卷和文卷结构》(GB/T 16970—1997)

该标准由中华人民共和国电子工业部提出，由全国信息技术标准化技术委员会（TC 28）归口，主管部门为国家标准化管理委员会，1997 年 9 月 2 日发布，1998 年 4 月 1 日实施。该标准规定了在信息处理系统中用户间进行信息交换时，只读光盘存储器（CD-ROM）上的盘卷结构和文卷结构。该标准规定了：卷和记录在卷上的描述符的属性；卷集的卷之间关系；文卷的位置；文卷的属性；准备用于程序的输入、输出数据流的记录结构，这些数据流需要组织为记录集合；媒体交换的三重嵌套级别；执行过程的二重嵌套；对信息处理系统提供的处理要求，使不同系统之间能进行信息交换，并使用已记录的 CD-ROM 作为交换媒体。

《信息技术　只读 120 mm 数据光盘（CD-ROM）的数据交换》(GB/T 16969—1997)

该标准由中华人民共和国电子工业部提出，由全国信息技术标准化技术委员会（TC 28）归口，主管部门为国家标准化管理委员会，1997年9月2日发布，1998年4月1日实施。该标准规定了用于信息处理系统之间进行信息交换和用于信息存储的被称为 CD-ROM 的 120 mm 光盘的特性。该标准所指的光盘是这样一种类型的光盘：在交付用户之前，信息、已经录制到盘中，而且是只读的。该标准规定了如下内容：某些定义、光盘测试要求的环境以及使用和贮存所要求的环境；光盘的机械、物理和尺寸特性；记录特性道的格式、检错和纠错字符、信息的编码；信息读出的光学特性。这些特性是为记录数字数据的道而规定的。根据该标准，光盘也可以具有一个或多个记录有数字音频数据的道，这些道要按照 IEC 908 的规定进行记录。

《软磁盘驱动器通用技术条件》（GB/T 12627—1990）

该标准由中华人民共和国电子工业部提出，由全国信息技术标准化技术委员会（TC 28）归口，主管部门国家标准化管理委员会，1990年12月28日发布，1991年10月1日实施。该标准规定了软磁盘驱动器的通用技术条件，主要内容包括术语、技术要求、试验方法、检验规则等，适用于盘片外径为 130 mm 和 90 mm 的软磁盘驱动器。

H.2 行业标准

《档案级可录类光盘 CD-R、DVD-R、DVD+R 技术要求和应用规范》（DA/T 38—2021）

该标准由国家档案局档案科学技术研究所和清华大学光盘国家工程研究中心提出，由国家档案局归口，2021年5月26日发布，2021年10月1日实施。该标准规定了档案级可录类光盘 CD-R、DVD-R、DVD+R 的技术要求、性能测试方法和使用要求，适用于档案部门电子档案的光盘存储和管理。

《电子档案存储用可录类蓝光光盘（BD-R）技术要求和应用规范》（DA/T 74—2019）

该标准由国家档案局档案科学技术研究所和清华大学光盘国家工程研究中心提出，由国家档案局归口，2019年3月4日发布，2019年9月1日实施。该标准规定了档案级可录类蓝光光盘的技术要求，刻录前检测，光盘数据刻录，刻录后检测，光盘的标签，光盘的保存、使用和维护要求，光盘的三级预警和性能监测，光盘的数据迁移，适用于档案部门电子档案的光盘存储和管理。

《基于文档型非关系型数据库的档案数据存储规范》(DA/T 82—2019)

该标准由国家档案局档案科学技术研究所提出，由国家档案局归口，2019年12月16日发布，2020年5月1日实施。该标准规定了使用文档型数据库存储档案数据的总体要求，提出了使用文档型数据库存储和管理档案数据的基本功能和实施方法，适用于各级各类档案馆以及机关、团体、企事业单位对档案数据的存储。

《可录类蓝光光盘（BD-R）常规检测参数》(CY/T 207—2019)

该标准由国家新闻出版署提出，由全国新闻出版标准化技术委员会（TC 527）归口，2019年11月28日发布，2020年1月1日实施。该标准规定了可录类蓝光光盘（BD-R）的常规检测参数以及检测条件和方法，适用于25 GB、50 GB和100 GB规格的可录类蓝光光盘的生产和质量检测。

《只读类光盘模版常规检测参数》(CY/T 86—2019)

该标准由国家新闻出版署提出，由全国新闻出版标准化技术委员会（TC 527）归口，2019年11月28日发布，2020年1月1日实施。该标准规定了CD-DA、CD-ROM、VCD、DVD-ROM、DVD-Video、BD-ROM等只读类光盘生产用模版的检测参数和检测方法，适用于CD-DA、CD-ROM、VCD、DVD-ROM、DVD-Video、BD-ROM等只读类光盘生产用模版的质量管理和质量检测。

《光盘复制术语》(CY/T 85—2019)

该标准由国家新闻出版署提出，由全国新闻出版标准化技术委员会（TC 527）归口，2019年11月28日发布，2020年1月1日实施。该标准界定了光盘复制领域的专业术语，适用于光盘复制行业的生产和交流。

《高清光盘播放系统　第1部分：只读光盘技术要求》(SJ/T 11649.1—2016)

该标准由中华人民共和国工业和信息化部提出，由全国信息技术标准化技术委员会归口，2016年4月5日发布，2016年9月1日实施。

《档案数字化光盘标识规范》(DA/T 52—2014)

该标准由北京市档案局（馆）提出，由国家档案局归口，2014年12月31日发布，2015年8月1日实施。该标准规定了档案数字化光盘盘盒纸和光盘盘面的标识，适用于我国各级各类档案馆、室档案数字化光盘的制作。

《只读类蓝光光盘（BD）常规检测参数》（CY/T 108—2014）

该标准由中华人民共和国新闻出版广电总局印刷发行司和中国音像与数字出版协会光盘工作委员会共同提出，由全国信息与文献标准化委员会出版物格式分技术委员会归口，2014 年 7 月 16 日发布，2014 年 7 月 16 日实施。该标准规定了只读类蓝光光盘（BD）的常规检测参数，适用于只读类蓝光光盘（BD）产品的主要质量参数检测。

《可录类光盘 DVD–R/DVD+R 存档寿命测评方法》（CY/T 107—2014）

该标准由中华人民共和国新闻出版广电总局印刷发行司和中国音像与数字出版协会光盘工作委员会共同提出，由全国信息与文献标准化委员会出版物格式分技术委员会归口，2014 年 7 月 16 日发布，2014 年 7 月 16 日实施。该标准规定了一种加速老化测评方法，用以估算可录类光盘存储信息可读取的平均寿命，适用于以下各种格式的光盘：DVD-R/-RW，DVD+R/+RW。

《光盘复制质量检测抽样规范》（CY/T105—2014）

该标准由中华人民共和国新闻出版广电总局印刷发行司和中国音像与数字出版协会光盘工作委员会共同提出，由全国信息与文献标准化委员会出版物格式分技术委员会归口，2014 年 7 月 16 日发布，2014 年 7 月 16 日实施。该标准规定了按接收质量限（AOL）=4(%) 的特殊检测水平 S-1、S-2、S-3 和 S-4 的抽样方案，适用于光盘产品质量检测的样本抽取。

《可录类光盘产品外观标识》（CY/T 37—2007）

该标准由中国音像协会光盘工作委员会提出，由全国信息与文献标准化委员会第七分会归口，2007 年 9 月 29 日发布，2007 年 9 月 29 日实施。该标准规定了中华人民共和国境内生产、销售的可录类光盘产品的外观标识，适用于可录类光盘产品外观标识标注。

H.3 国际标准

ISO/IEC 30190:2021

Information technology — Digitally recorded media for information interchange and storage — 120 mm Single Layer(25,0 Gbytes per disk) and Dual Layer(50,0

Gbytes per disk）BD Recordable disk

信息技术　用于信息交换和存储的数字记录介质　120 mm 单层（25 GB）和双层（50 GB）可录类 BD 光盘

ISO/IEC 30191:2021

Information technology — Digitally recorded media for information interchange and storage — 120 mm Triple Layer(100,0 Gbytes single sided disk and 200,0 Gbytes double sided disk) and Quadruple Layer(128,0 Gbytes single sided disk) BD Recordable disk

信息技术　用于信息交换和存储的数字记录介质　120 mm 三层（100 GB 单面光盘和 200 GB 双面光盘）和四层（128 GB 单面光盘）可录类 BD 光盘

ISO/IEC 30192:2021

Information technology — Digitally recorded media for information interchange and storage — 120 mm Single Layer(25,0 Gbytes per disk) and Dual Layer (50,0 Gbytes per disk) BD Rewritable disk

信息技术　用于信息交换和存储的数字记录介质　120 mm 单层（25 GB）和双层（50 GB）可擦写 BD 光盘

ISO/IEC 30193:2021

Information technology — Digitally recorded media for information interchange and storage — 120 mm triple layer(100,0 Gbytes per disk) BD rewritable disk

信息技术　用于信息交换和存储的数字记录介质　120 mm 三层（100 GB）可擦写 BD 光盘

ISO/IEC 29121:2021

Information technology — Digitally recorded media for information interchange and storage — Data migration method for optical disks for long-term data storage

信息技术　用于信息交换和存储的数字记录介质　用于数据长期存储的光盘数据迁移方法

ISO/IEC 16963:2017

Information technology — Digitally recorded media for information interchange and storage — Test method for the estimation of lifetime of optical disks for long-term data storage

信息技术　用于信息交换和存储的数字记录介质　用于数据长期存储的光盘寿命估计试验方法

ISO/IEC 10995:2011

Information technology — Digitally recorded media for information interchange and storage — Test method for the estimation of the archival lifetime of optical media

信息技术　用于信息交换和存储的数字记录介质　光学介质的归档寿命估计试验方法

ISO/IEC 12862:2011

Information technology—120 mm（8.54 Gbytes per side）and 80 mm（2.66 Gbytes per side）DVD recordable disk for dual layer（DVD-R for DL）

信息技术　120 mm（每面 8.54 GB）和 80 mm（每面 2.66 GB）双层可录类 DVD 光盘

ISO/IEC 13170:2009

Information technology—120 mm（8.54 Gbytes per side）and 80 mm（2.66 Gbytes per side）DVD re-recordable disk for dual layer（DVD-RW for DL）

信息技术　120 mm（每面 8.54 GB）和 80 mm（每面 2.66 GB）可擦写 DVD 双层光盘（用于 DL 的 DVD-RW）

ISO/IEC 23912:2005

Information technology— 80 mm（1.46 Gbytes per side）and 120 mm（4.70 Gbytes per side）DVD Recordable Disk（DVD-R）

信息技术　80 mm（每面 1.46 GB）和 120 mm（每面 4.70 GB）可录类 DVD 光盘（DVD-R）

ISO/IEC 17342:2004

Information technology— 80 mm（1.46 Gbytes per side）and 120 mm（4.70 Gbytes per side）DVD re-recordable disk（DVD-RW）

信息技术　80 mm（每面 1.46 GB）和 120 mm（每面 4.70 GB）可擦写 DVD 光盘（DVD-RW）

ISO/IEC 16448:2002

Information technology — 120 mm DVD — Read-only disk

信息技术　120 mm DVD　只读光盘

ISO/IEC 20563:2001

Information technology — 80 mm（1.23 Gbytes per side）and 120 mm（3.95 Gbytes per side）DVD-recordable disk（DVD-R）

信息技术　80 mm（每面1.23 GB）和120 mm（每面3.95 GB）可录类DVD光盘（DVD-R）

附录I 名词及缩略语

本附录整理了本书中提及的一些名词及缩略语，以便阅读。

缩略语	英文名称	中文名称
AQL	acceptance quality limit	接收质量限
ARQ	automatic repeat request	自动请求重发
ASE	amplifier spontaneous emission noise	放大自发辐射噪声
BD/AD	blu-ray disc / archival disc	蓝光光盘
BD-R	blu-ray disc recordable	可录类蓝光光盘
BE	burst error	突发误码串
BE Sum	sum of the lengths of maximum burst errors	极值突发误码串长度总数
BLER	block error rate	误块率
CD-DA	compact disc-digital audio	数字音频光盘
CD-R	CD recordable	可录类光盘
CD-ROM	compact disc-read only memory	只读CD光盘
DVD	digital video disc	DVD光盘
DVD-R	DVD-recordable	可录类DVD
DVD-RAM	digital versatile disc-random access memory	DVD随机存储器
ECC	error control code	差错控制编码
EDFA	erbium-doped fiber amplifier	掺铒光纤放大器
EMC	electro magnetic compatibility	电磁兼容性
FEC	forward error correction	前向纠错
FTP	file transfer protocal	文件传输协议
HDD	hard disk drive	磁介质硬盘
HDFS	Hadoop distributed file system	Hadoop 分布式文件系统
HEC	hybrid error correction	混合纠错
HSS	hybrid storage system consolidating magnetic, optical and electric media	磁光电混合存储系统
IOPS/OPS	input/output per second	每秒输入/输出次数
iSCSI	internet SCSI	互联网SCSI

续表

缩略语	英文名称	中文名称
ITE	information technology equipment	信息技术设备
MTBF	mean time between failures	平均故障间隔时间，平均无故障时间
NFS	network file system	网络文件系统
OSNR	optical signal noise ratio	光信噪比
PIE	parity inner errors	内部奇偶校验错误
PUE	power usage effectiveness	电源使用效率
RAID	redundant arrays of independent disks	独立磁盘冗余阵列
RFID	radio frequency identification	射频识别
RSER	random symbol error rate	随机误码率
S3	Amazon Simple Storage Service	亚马逊简单存储服务
SAN	storage area network	存储区域网络
SER	symbol error rate	误码率
S.M.A.R.T.	self-monitoring analysis and reporting technology	自我监测分析与报告技术
SPC	statistical process control	统计过程控制
SSD	solid state disk/solid state drive	固态盘
TCO	total cost of ownership	总拥有成本
THC	total harmonic current	总谐波电流
TPM	trusted platform module	可信平台模块
UE	uncorrectable error	不可纠正错误
WORM	write once read many	一次写多次读

参考文献

[1] 中华人民共和国工业和信息化部. 绿色数据中心先进适用技术目录（第一批）[EB/OL].（2016-12-09）[2024-10-22].

[2] 中华人民共和国工业和信息化部. 绿色数据中心先进适用技术产品目录（第二批）[EB/OL].（2018-02-01）[2024-10-22].

[3] 中华人民共和国工业和信息化部. 绿色数据中心先进适用技术产品目录（2019年版）[EB/OL].（2019-11-08）[2024-10-22].

[4] 中华人民共和国工业和信息化部. 国家绿色数据中心先进适用技术产品目录（2020）[EB/OL].（2020-11-05）[2024-10-22].

[5] 中华人民共和国工业和信息化部. 国家通信业节能技术产品推荐目录（2021）[EB/OL].（2021-12-09）[2024-10-22].

[6] 开放数据中心标准推进委员会. 数据中心存力建设磁光电融合技术研究[R/OL].(2024-09)[2024-10-22].

[7] 舒继武. 数据存储架构与技术[M]. 北京: 人民邮电出版社，2023.

[8] 张静，王梦瑶，单嵩岩，等. 磁光电混合存储在数字档案资源长期保存中的应用研究[J]. 图书情报工作，2020，64（20）：89-95.

[9] 国家市场监督管理总局，国家标准化管理委员会. 电磁兼容 限值 第1部分：谐波电流发射限值（设备每相输入电流≤16 A）: GB 17625.1—2022[S]. 北京: 中国标准出版社，2022.

[10] 国家市场监督管理总局，国家标准化管理委员会. 信息技术设备、多媒体设备和接收机 电磁兼容 第1部分：发射要求: GB/T 9254.1—2021[S]. 北京: 中国标准出版社，2022.

[11] 全国电工电子产品与系统的环境标准化技术委员会（SAC/TC 297）. 电子电气产品 六种限用物质（铅、汞、镉、六价铬、多溴联苯和多溴二苯醚）的测定: GB/T 26125—2011[S]. 北京: 中国标准出版社，2011.

[12] 全国包装标准化技术委员会（SAC/TC 49）. 包装回收标志: GB/T 18455—2022[S]. 北京: 中国标准出版社，2022.